大飞机出版工程

总主编　顾诵芬

板料电致塑性
成形技术

Electroplastic Forming Technology of Sheet Metal

李细锋　董湘怀　王国峰　陈　军　著

上海交通大學出版社
SHANGHAI JIAO TONG UNIVERSITY PRESS

内容简介

高效、低耗、低成本的绿色制造技术一直是科研人员孜孜不倦探求的方向,板料电致塑性成形技术就是近年来快速发展的绿色制造新工艺。本书基于作者多年的研究成果,系统归纳总结了板料电致塑性成形技术的最新研究进展和应用成果。该书首先介绍了电塑性效应的主要机制,阐明国际上对电塑性效应机理的理解和争议。其次,揭示了脉冲电流对多种新型材料变形行为的影响规律,包括铝锂合金、钛合金、镁合金、高强度钢等难变形材料,通过脉冲电流的引入改善材料的变形性能;并且将脉冲电流的电致塑性效应引入多种塑性加工工艺,如拉深、弯曲、包边和渐进成形等多种工艺,尝试改善在这些工艺中难变形材料的成形性能,避免采用传统的热成形工艺,而快速低成本完成零件的成形。再次,选取典型工艺及零件,分析板料电致塑性成形技术在工业领域的应用实例,阐明在工业领域应用的优势。最后,总结电致塑性成形技术的研究现状与该技术自身的限制,以及工业应用的前景。本书有助于推广板料电致塑性成形技术在工业领域的应用,促进高效绿色的制造技术在我国塑性加工企业的发展,提升产品的竞争力。

图书在版编目(CIP)数据

板料电致塑性成形技术/ 李细锋等著. 一上海:
上海交通大学出版社,2023.8
大飞机出版工程
ISBN 978 - 7 - 313 - 25877 - 9

Ⅰ.①板… Ⅱ.①李… Ⅲ.①金属板-电致伸缩-塑
性变形 Ⅳ.①TG301

中国国家版本馆 CIP 数据核字(2023)第 100923 号

板料电致塑性成形技术
BANLIAO DIANZHI SUXING CHENGXING JISHU

著　　者:	李细锋　董湘怀　王国峰　陈　军			
出版发行:	上海交通大学出版社	地　　址:	上海市番禺路 951 号
邮政编码:	200030	电　　话:	021 - 64071208
印　　制:	上海颛辉印刷厂有限公司	经　　销:	全国新华书店
开　　本:	710 mm×1000 mm　1/16	印　　张:	16
字　　数:	276 千字			
版　　次:	2023 年 8 月第 1 版	印　　次:	2023 年 8 月第 1 次印刷
书　　号:	ISBN 978 - 7 - 313 - 25877 - 9			
定　　价:	128.00 元			

前　　言

　　材料在电场作用下变形抗力显著降低、塑性明显提高的现象被称为电致塑性效应。探索高效低耗的塑性加工新工艺一直是科研人员研究的重要课题，电致塑性加工可能成为最快速、低耗的绿色塑性成形技术之一。脉冲电流既可提高材料的塑性性能，又能提高耐疲劳、耐腐蚀等性能，满足航空、航天、航海等领域对材料结构的高性能要求。此方法本身高效、环保，在工程应用中已经显示出巨大的优越性，是一种非常有前景的材料加工和处理方法。作者经过多年的研究，发现电致塑性成形技术将会在工业领域上得到越来越广泛的应用。国外出版了 *Electrically Assisted Forming-Modeling and Control* 一书，注重电致塑性成形技术的理论模型及机理分析，本书则通过系统整理多年的研究成果，注重理论与工业应用并重，全面介绍了板料电致塑性成形技术研究的最新进展。

　　本书依照循序渐进和深入浅出的原则，从电致塑性效应的机理开始，系统性地分析了电致塑性效应的主要作用机制，详细阐明多种难变形材料的电致塑性变形行为及不同电致塑性成形工艺。结合作者多年研究，介绍了板料电致塑性成形技术在工业领域的应用实例，进一步总结了电致塑性成形技术的研究现状及存在的问题，并浅谈了研究展望。通过阅读本书，读者可以掌握电致塑性成形技术涉及的材料、成形工艺以及工业应用等相关的内容，将研究方法与工程应用紧密联系起来。

　　本书内容来自作者多年的研究成果，具有很强的学术性和工程应用价值，内容丰富，数据翔实，实用性强，对从事塑性加工的企业技术人员，以及高校和研究所的研究人员具有很好的指导作用和参考价值。本书由李细锋研究员负责全书内容安排、组织撰写以及统稿。各章撰写人员分别为：第1章李细锋研究员，第2章董湘怀教授和李细锋研究员，第3章董湘怀教授、陈军教授和李细锋研究员，第4章王国峰教授、徐栋恺博士和石磊博士，第5章李细锋研究员。

本书主要研究成果源于作者指导的研究生在攻读博士和硕士学位期间所做的工作，包括博士徐栋恺、谢焕阳、刘凯，硕士方林强、赵达、周雪、霭振球、宋鹏超、周强、赵双军、陈鑫、邹隆勋、方慧、赵淘。在此对他们所做的工作深表感谢！

本书的研究工作得到多项国家自然科学基金（U1908229、51275297、51105248 和 51875122）、海装预研项目、装发预研基金、航空科学基金、中国航天科技集团公司第八研究院 149 厂与 800 所、通用汽车公司（中国）等的资助；资料的整理和图片的绘制得到课题组安大勇博士，陈楠楠、鞠珂、曹旭东和邹隆勋等研究生的协助，在此表示衷心的感谢！同时，感谢上海交通大学出版社领导和编辑在本书出版过程中所给予的支持和帮助。

由于板料电致塑性成形技术的理论和应用研究仍在继续，本书中有些结论只是初步或者阶段性的，加之作者对电致塑性成形技术的研究内容及深度有限，书中可能存在不当之处，恳请读者批评指正。

目　　录

第 1 章　电塑性效应的机理

1.1　电塑性效应机理的研究进展

电塑性效应指材料(包括各种金属材料、陶瓷材料、超导材料、粉末冶金制品等)在运动电子(电流或电场)作用下,变形抗力急剧下降,塑性明显提高的现象[1]。关于电塑性效应的研究,最早可以追溯到 20 世纪中期。1953 年,Seith 和 Wever[2] 就开始关注在金属材料中的电迁移现象,并对它进行了专门的研究。1954 年,Cohen 和 Barrett[3] 研究了导体通电时电子对晶界的作用,发现电流密度会对垂直于电流方向的晶界产生推力。1959 年,Machlin[4] 在对脆性的食盐晶体进行弯曲和压缩时发现,电流的施加不仅能降低材料的屈服应力、流动应力,而且能极大地提高脆性材料的延展性。Fiks[5] 和 Huntington 等[6] 在 1959 年和 1961 年先后提出了电子风驱动力的模型,为之后研究电流对材料的作用奠定了基础。从此之后,一些学者与专家专门致力于研究通电脉冲对材料组织和性能的影响规律。

1963 年,苏联学者 Troitskii 和 Likhtman[7] 在表面涂汞的锌单晶拉伸实验中,观察到当加速的电子流沿晶体滑移至某一方向对锌进行辐照时,试样拉伸应力明显降低,塑性显著提高;但当电子流垂直于滑移面时锌元素明显脆化,并且发生脆性断裂。随后,以 Troitskii 为代表的苏联学者开始对电塑性效应进行了一系列相关实验来研究电流对材料流动应力、位错产生与运动、应力松弛、蠕变、脆性断裂和金属加工等方面的影响[8,9]。1978 年开始,以 Conrad 为代表的美国学者提出了塑性的提高主要来自漂流电子对位错运动的作用。漂流电子对位错产生推动作用,促进位错运动,提高位错的能动性,引起位错的滑移和攀移,降低位错的密度,提高材料的塑性[10,11]。

在电塑性效应机理研究的初始阶段,一般认为有四种效应构成了电塑性效应的机理:焦耳热效应,集肤效应,磁压缩效应,纯电塑性效应。具体阐述如下:

1) 焦耳热效应

在材料塑性变形过程中,通入脉冲电流的同时会产生热量,使材料温度升高继而发生软化,从而使材料的流动应力降低。Okazaki 等[11]认为,在塑性变形过程中焦耳热效应导致的温度升高可以通过式(1-1)计算:

$$\mathrm{D}\,T = \frac{RJ^2 t_p}{c_p d} \tag{1-1}$$

式中:R 是材料电阻率;c_p 是材料质量定压热容;J 是电流密度;d 是材料密度;t_p 是脉冲的持续时间。通过式(1-1),可以计算出由焦耳热效应引起的流动应力下降的值占全部应力下降值的 50%~70%。

Sprecher 等[12]利用式(1-2)计算电流导致的温度升高:

$$\mathrm{D}\,T = \frac{\int_0^t RI^2(t)dt}{c_p A d} \tag{1-2}$$

式中:R 是材料电阻率;$I(t)$ 是瞬时电流;c_p 是材料质量定压热容;A 是材料横截面积;d 是材料密度。结果表明,由焦耳热效应引起的流动应力下降的值占全部应力下降值的 62%~68%。

2) 集肤效应

集肤效应指当脉冲电流通过材料时,电流趋向于向材料表面聚集或集中的现象。集肤效应的存在使材料表面热量的分布不均匀,从而引起热应力,使材料的流动应力降低。集肤效应的深度可以通过式(1-3)计算[13]:

$$d = \left(\frac{pfm}{R}\right)^{-1/2} \tag{1-3}$$

式中:f 是脉冲电流频率;m 是磁导率;p 是试样电阻率。

3) 磁压缩效应

磁压缩效应指当给材料施加脉冲电流时,材料周围会产生电磁场。在单向拉伸实验中,材料会受到电磁场施加的径向压力。Okazaki 等利用式(1-4)计算由磁压缩效应而产生的应力值:

$$\mathrm{D}\,s_{\text{pinch}} = \frac{nmJ^2 r^2}{2} \tag{1-4}$$

式中:n 是泊松比;m 是磁导率;J 是电流密度;r 是材料半径。

4) 纯电塑性效应

纯电塑性效应指当脉冲电流作用于材料时,漂流电子和位错间产生相互作用,使得位错的运动能力增强,材料流动应力下降的一种现象[14]。

一系列后续的研究和计算结果均表明集肤效应和磁压缩效应对电塑性现象的贡献几乎可以忽略不计。电塑性理论发展到现在,学者们一致认为电塑性效应基本上是焦耳热效应和纯电塑性效应的反映。

1.1.1　焦耳热效应及其微观机理

电流通过导体时会导致材料的温度升高,称为电流的热效应,即焦耳热效应。材料在塑性变形时会产生热量,而热量会使金属软化,从而热效应会对材料流动应力的下降做出贡献。但这种热效应与常规的热传导等方式进行的加热有所不同,因为在大应变导致位错密度增大的区域、晶界、裂纹尖端等局部区域电阻较大,热效应也较强,所以即使材料整体温度不太高,局部也可能产生高温和高应力,从而诱发局部的回复、再结晶、裂纹尖端钝化、损伤修复等微观组织的变化,对相变产生影响,进而改善材料的塑性。然而,热效应不能解释电流的方向对塑性的影响。

从微观角度分析焦耳热效应,不均匀的温度升高是焦耳热效应的宏观体现。针对这种不均匀温度升高的原因,Salandro 等[15]指出电子穿过金属晶格,在晶格内电子撞击晶格缺陷,以热的形式释放能量。在较高缺陷密度处产生局部"热"斑点,显著地增强位错周围区域中的振动能量。围绕位错这种更大的能量使位错沿平面滑动的移动性增强,促进了位错运动,降低位错密度。这种效果类似热加工,但是不同于将整个工件加热到特定温度,而是在晶格中缺陷密度较高的区域温度较高,这有助于减少位错堆积。Kino 等[16]通过测量变形和淬火的铝在 4.2～300 K 的温度范围内的电阻率,来实现对不同位错密度的试样电阻率进行测量,测量数据表明:位错核心处的电阻率约是完整晶格电阻的 6～8 倍。王忠金等[17]利用等脉冲电流在缺陷处形成局部高温区域,研究钛合金材料损伤区域微裂纹的愈合和再结晶,通过显微观察(见图 1-1)发现这种选择性的焦耳热效应有助于显微裂纹的闭合,分析认为是由于不均匀的温度升高导致不均匀热膨胀的产生,因此缺陷区域温度高、热膨胀程度大,受周围温度较低的基体约束,使得微裂纹处于压缩状态。

局部焦耳热理论在 Ross 等[18]对 Ti-6Al-4V 进行等温实验(大于通电实验达到的最高温度 20℃)和通电实验中也得到验证,如图 1-2 所示,其结果表明:与通电实验相比,等温实验没有出现流动应力减小或断裂应变的增加。从图 1-2 中可以明显看出通过外部对流加热和直接施加电流之间的差异。

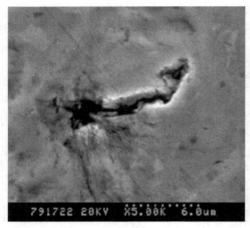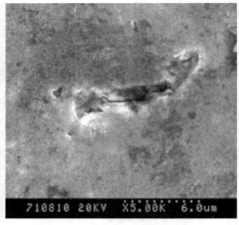

(a) 处理前　　　　　　　　　　　　　(b) 处理后

图 1-1　脉冲电流辅助预变形 TC4 板材典型的微裂纹形貌[17]

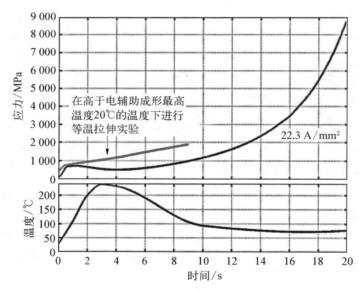

图 1-2　压缩应力和温度对时间曲线[18]

1.1.2　纯电塑性效应及其微观机理

当脉冲电流通过金属材料时,产生大量的定向漂移的自由电子(电子风)。漂移电子群频繁地定向撞击位错,会对位错段产生一个类似外加应力的电子风力,促进位错在其滑移面上的移动。这就是所谓的电子风模型。美国学者 Conrad 等[19]的研究认为金属中的漂流电子在电场的作用下对位错产生了一种

类似外加应力的电子风力,影响着位错的运动。他们根据单位长度位错受到的阻力,提出基于位错动力学的电子风力模型:

$$F_{ew} = \left(\frac{R}{\rho} \right) e n_e j \qquad (1-5)$$

式中:F_{ew} 是单位位错长度上所受的阻力;R 是电阻;ρ 是位错密度;$\dfrac{R}{\rho}$ 是单位位错阻力;e 是电荷数;n_e 是电子密度;j 是电流密度。

同时,他们提出量子力学电子风力模型:

$$F_{ew} = \alpha b p_f n_e (v_e - v_d) = \alpha b p_f \left(\frac{j}{e} - n_e v_d \right) \qquad (1-6)$$

式中:α 取值范围 0.25~1.0;b 是柏氏矢量的模;p_f 是费米动量;v_e 是电子飘移速度;v_d 是位错速度。

由式(1-6)可以看出,只有当 $v_e > v_d$ 时,电子风力 F_{ew} 才为正值。如果位错的运动方向和漂流电子的运动速度方向一致,则能获得更好的塑性。

塑性变形主要是通过位错的运动实现的。由于位错在运动过程中的交互作用,会引起位错缠结及位错在晶界或第二相粒子边界处的堆积,因此形成加工硬化,使变形难以继续。对变形材料施加电流,漂流电子能对位错产生一个作用力,降低位错滑移过程中所需的有效应力,从而使金属宏观流动应力降低。周细枝等[20]在研究脉冲电流对 7475 铝合金再结晶的影响时,发现位错在电子风力的推动下更容易发生移动,克服阻力的能力加强,因而位错密度降低得比较快,使施加脉冲电流的再结晶试样的硬度(HV)低于未施加脉冲电流的硬度。侯东芳等[21]对 7475 铝合金超塑性通电拉伸后的试样进行透射电镜观察发现晶内位错呈顺电子流动方向排列的形态,而且位错密度有增加的迹象。分析认为这种位错形态的产生源于电子风力,位错的自由端在电子风力的推动下绕沉淀相粒子转动,直至位错线与电流方向平行。另外,电子风力也会促进被阻塞在沉淀相粒子处的位错团的移动,从而促进了晶内位错的增殖,提高了位错密度。李尧等[22]在对 Zn-22%Al 合金电致塑性效应的动力学分析中,观察到合金内部位错呈顺电流方向排布,变形主要集中在晶界处,理论分析认为是在金属中位错受电子风力作用得到激活,可动位错密度提高。

Dai 等[23]研究电流脉冲处理对冷轧 Fe3%Si 钢中晶粒取向的影响,施加电流方向与轧制方向垂直或平行,通过电子背散射衍射观察变形后试样发现,在再结晶的初期,再结晶核优选沿着电流方向形成。进一步的理论分析表明,各向异性成核取向归因于在电流通过期间由电子风力导致的不同位错迁移率。Liu等[24]研究 SiC$_p$/Al 复合片材的通电成形性能,通过透射电子显微镜(transmission electron microscope,TEM)观察变形后试样的微观结构,发现在常规成形过程中位错滑移相互交织[见图 1-3(a)],并且倾向于在晶界处堆积;而在施加电流的试样内观察到位错几乎彼此平行[见图 1-3(b)],缠结和卷曲较少,推测电子风力提高了位错滑移的能力,促进位错运动并使位错沿着电流方向排列。

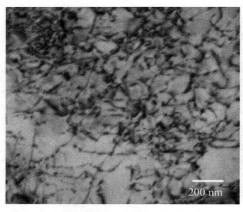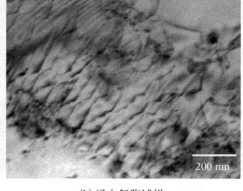

(a) 常规加热气胀试样　　　　　　　　　　(b) 通电气胀试样

图 1-3　SiC$_p$/Al 复合材料的 TEM 形貌[24]

1.2　解耦焦耳热效应与纯电塑性效应

为了单独研究焦耳热效应和纯电塑性效应,利用控制单一变量的实验方法将两种效应的影响分离。有两种思路:一种是利用吹风冷却的方法消除焦耳热效应的影响,单独研究纯电塑性效应;另一种是利用不通电试样的热拉伸实验对比室温拉伸和通电拉伸实验,得到焦耳热效应对拉伸性能的影响。一些学者从这两种思路出发,对焦耳热和纯电塑性在电塑性效应的所占比重做了相关研究。

Magargee 等[25]对纯钛进行电辅助拉伸(electrically assisted tension,EAT)实验,结果表明在纯钛的应力减少中焦耳热效应占主导。图 1-4 为吹风冷却和非吹风冷却的纯钛单向电辅助拉伸实验对比,从图中可以清楚地看到试样风冷至接近室温时未观察到应力降低,而在未冷却且相对高的电流密度下应力下降近 50%。

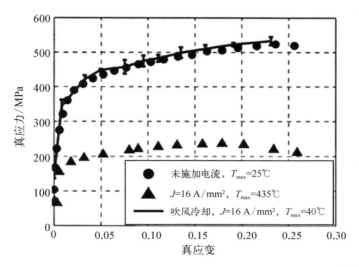

图 1-4　吹风冷却和非吹风冷却的纯钛单向电辅助拉伸实验对比[25]

而在相同的研究思路下，赵双军等[26]对 SUS304 奥氏体不锈钢的屈服强度与抗拉强度进行研究，如图 1-5 所示。在吹风冷却条件下，屈服强度曲线与非吹风冷却时相近，而两种条件下的抗拉强度差异较大，说明焦耳热效应对材料的屈服强度影响较小。

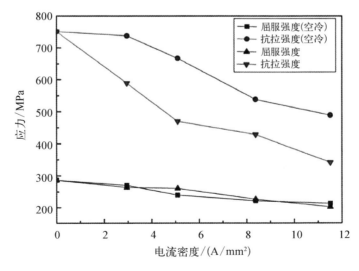

图 1-5　在不同电流密度下 SUS304 奥氏体不锈钢的屈服强度与抗拉强度对比[26]

从以上研究结果的对比可知,焦耳热效应对于不同材料的影响不同;同样地,纯电塑性效应在不同材料中的作用也存在差别。霭振球等[27]对比 AZ31 镁合金和 DP980 高强钢研究纯电塑性效应对材料性能的影响,AZ31 镁合金在相同温度和应变速率下的通电与不通电拉伸实验的应力-应变曲线如图 1-6 所示。通电脉冲后流动应力明显下降,说明除去温度的热软化作用减小了流动应力外,脉冲电流也明显地降低了流动应力,其存在明显的纯电塑性效应。

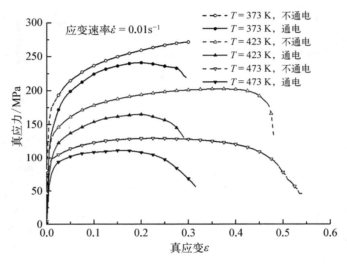

图 1-6　AZ31 镁合金通电与不通电的真实应力-应变曲线[27]

DP980 高强钢在相同条件下通电与不通电的应力-应变曲线如图 1-7 所示。当温度为 373 K 时通电的流动应力略微低于不通电的;当温度为 473～873 K 时,通电的流动应力反而高于不通电的。由此可知,除温度的影响外通电脉冲对材料的流动应力和塑性都没有显著影响,所以 DP980 高强钢不存在明显的纯电塑性效应。

Breda 等[28]通过对 316L 奥氏体不锈钢进行热拉伸和通电拉伸实验,单独研究纯电塑性效应,实验结果表明纯电塑性明显降低了材料的断裂伸长率,机械强度基本没有受到影响。分析认为自由电子促进位错克服短距离障碍,促进位错迁移,并抑制断裂带形成;同时,电流密度越高,对位错的影响越明显。

Jiang 等[29]对 Ti-6Al-4V 进行电辅助拉伸和热辅助拉伸(thermally assisted tension,TAT)实验,得到电辅助拉伸与热辅助拉伸实验对流动应力的软化效应,如图 1-8 所示。对实验结果分析得到当温度低于相变温度(873 K)

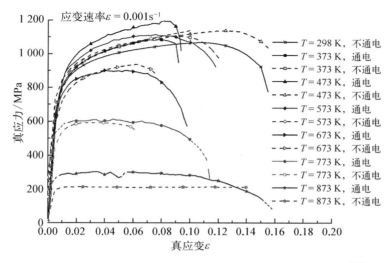

图 1-7　DP980 高强钢的通电与不通电的真实应力-应变曲线[27]

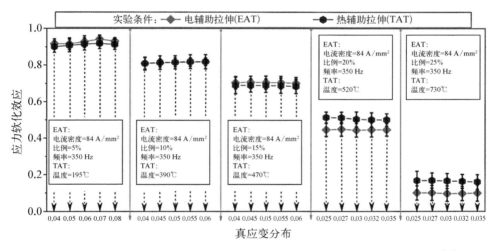

图 1-8　在电辅助拉伸和热辅助拉伸中观察到的软化效应(与室温拉伸相比)[29]

时,电辅助拉伸与热辅助拉伸的软化效应接近,低于 20%;当温度高于相变温度(873 K)时,电辅助拉伸对材料的软化效应比热辅助拉伸明显。

在定性研究焦耳效应和纯电塑性效应的基础上,Song 等[30]针对 5A90 铝锂合金材料给出了定量计算焦耳热和纯电塑性分别所占比重的具体方法,其选取在材料拉伸过程中颈缩时的温度作为等温拉伸时的温度。计算结果表明焦耳热效应在电塑性效应中占主导,具体地描述是:焦耳热效应对流动应力降低的贡献占整个电塑性效应对流动应力降低的 $63.8\% \sim 88.5\%$,对延伸率提高的贡献占整个电塑性效应对延伸率提高的 $67.5\% \sim 84.1\%$。当有效电流密度是 $14.72\ \mathrm{A/mm^2}$ 时,焦耳热效应对电塑性效应贡献的比例最大。

Hariharan 等[31] 采用实验与有限元软件模拟对比的方法解耦焦耳热效应和纯电塑性效应,使用 Al5052 合金的实验数据模拟焦耳热引起的热效应,与通电拉伸实验的结果对比,如图 1-9 和图 1-10 所示。实验结果与模拟结果之间的应力值差是由纯电塑性效应引起的软化效应,实验结果表明焦耳热对电流通过

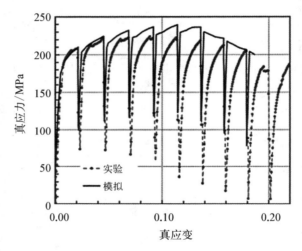

图 1-9　电辅助拉伸 Al5052 合金实验与模拟得到的应力-应变曲线的比较[31]

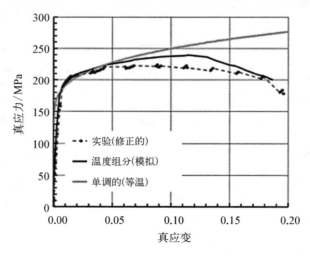

图 1-10　通过连接峰值应力得到应力-应变曲线与室温下的
非脉冲单调应力-应变曲线对比永久软化效应[31]

期间材料的应力下降和长程永久软化具有重要的影响。另外，采用有限元模拟的方法为研究电塑性效应提供了新思路。

Roh 等[32]研究具有相同的标称电流密度和相同的脉冲周期的两组不同的通电脉冲参数，发现其棘轮形状应力-应变曲线几乎相同（见图 1-11）。分析认为相同的能量密度产生的焦耳热效应相同。范蓉等[33]利用这一结论研究铝合金电辅助成形中的非焦耳热效应。如图 1-12 所示，在 0.150 J/mm² 下，脉冲电流密度从 28.6 A/mm² 上升到 80.7 A/mm²，5754 铝合金的应力下降值由 7.44 MPa 增加到 96.10 MPa。可以看出在相同能量密度下，脉冲电流密度值越高引起的应力下降值越大，高的电流密度对加快电子位错的运动速度，促使位错

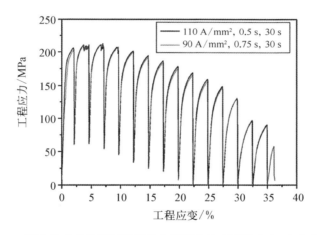

图 1-11　通电脉冲参数不同但是具有相同电流密度的应力-应变曲线[32]

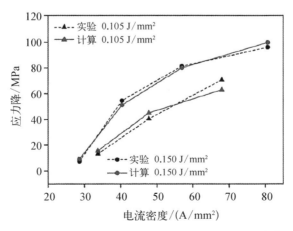

图 1-12　不同脉冲电流引起的瞬时应力下降值[32]

穿越障碍的能力越高。

1.3　本章小结

关于电塑性效应机理的研究,目前认为主要由四种效应,分别为焦耳热效应、磁压缩效应、集肤效应和纯电塑性效应。在单向拉伸试验中,材料会受到电磁场施加的径向压力;纯电塑性效应是当脉冲电流作用于材料时,漂流电子和位错间产生相互作用,使得位错的运动能力增强,材料流动应力下降的一种现象。

在不同金属电塑性效应的过程中,发现电塑性效应存在一个电流阈值,并且只有当电流密度高于某一阈值时,才有明显的电塑性现象。焦耳热效应对于不同材料的影响不同,同样地,纯电塑性效应在不同材料中的作用也存在差别。

参考文献

[1] 阎峰云,黄旺,杨群英,等. 电塑性加工技术的研究与应用进展[J]. 新技术新工艺,2010
(6):59 - 62.

[2] SEITH W, WEVER H. A new effect in the electrolytic transfer in solid alloys[J]. Z.
Elektrochem, 1953, 57: 891 - 900.

[3] COHEN M H, BARRETT C S. Interaction of electrons with grain boundaries [J].
Physical review, 1954, 95(4): 1094 - 1095.

[4] MACHLIN E. Applied voltage and the plastic properties of "brittle" rock salt[J].
Journal of Applied Physics, 1959, 30(7): 1109 - 1110.

[5] FIKS V. On the mechanism of the mobility of ions in metals[J]. Soviet Physics-Solid
State, 1959, 1(1): 14 - 28.

[6] HUNTINGTON H, GRONE A. Current-induced marker motion in gold wires[J].
Journal of Physics and Chemistry of Solids, 1961, 20(1): 76 - 87.

[7] TROITSKII O A, LIKHTMAN V I. The anisotropy of the effect of electron and γ
radiation on the deformation process of zinc single crystals in the brittle state[J].
Soviet Physics Doklady, 1963, 148.

[8] TROITSKII O A. Characteristics of the plastic deformation of a metal during passage
of an electric current[J]. Strength of Materials, 1975, 7(7): 804 - 809.

[9] STASHENKO V I, TROITSKII O A, NOVIKOVA N N. Electroplastic drawing of
a cast-iron wire[J]. Journal of Machinery Manufacture and Reliability, 2009, 38(2):
182 - 184.

[10] SPRECHER A F, MANNAN S L, CONRAD H. Overview No. 49: On the
mechanisms for the electroplastic effect in metals[J]. Acta Metallurgica Sinica, 1986,
34(7): 1145 - 1162.

[11] OKAZAKI K, KAGAWA M, CONRAD H. An evaluation of the contributions of

skin, pinch and heating effects to the electroplastic effect in titanium[J]. Materials Science & Engineering, 1980, 45(2): 109 - 116.

[12] SPRECHER A F, MANNAN S L, CONRAD H. On the temperature rise associated with the electroplastic effect in titanium[J]. Scripta Metallurgica, 1983, 17 (6): 769 - 772.

[13] OKAZAKI K, KAGAWA M, CONRAD H. An evaluation of the contributions of skin, pinch and heating effects to the electroplastic effect in titanium[J]. Materials Science and Engineering, 1980, 45(2): 109 - 116.

[14] GUAN L, TANG G, CHU P K. Recent advances and challenges in electroplastic manufacturing processing of metals[J]. Journal of Materials Research, 2010, 25(7): 1215 - 1224.

[15] SALANDRO W A, JONES J J, BUNGET C, et al. Electrically assisted forming[M]. Berlin: Springer International Publishing, 2015.

[16] KINO T, ENDO T, KAWATA S. Deviations from matthiessen's rule of the electrical resistivity of dislocations in aluminum[J]. Journal of the Physical Society of Japan, 1974, 36(3): 698 - 705.

[17] 王忠金, 宋辉. 脉冲电流对钛合金板材力学行为影响的研究[R]. 中国力学学会 2010 力学与工程应用学术研讨会, 2010.

[18] ROSS C D, KRONENBERGER T J, ROTH J T. Effect of dc on the formability of Ti-6Al-4V[J]. Journal of Engineering Materials & Technology, 2009, 131(3): 031004.

[19] CONRAD H, SPRECHER A F, CAO W D, et al. The effect of electricity on the mechanical properties of metals[J]. JOM, 1990, 42(12): 28 - 33.

[20] 周细枝, 夏露, 陈洪, 等. 脉冲电流对 7475 铝合金再结晶的影响[R]. 湖北省机械工程学会机械设计与传动专业委员会学术年会, 2007.

[21] 侯东芳, 董晓华, 李尧, 等. 电流对金属超塑性变形中晶内位错形态的影响[J]. 三峡大学学报(自然科学版), 2002, 24(4): 348 - 350.

[22] 李尧, 董晓华. Zn-22%Al 合金电致塑性效应中位错激活的动力学分析[J]. 江汉大学学报(自然科学版), 2007, 35(3): 39 - 41.

[23] DAI W, WANG X, ZHAO H, et al. Effect of electric current on microstructural evolution in a cold-rolled 3% Si steel[J]. Materials Transactions, 2012, 53 (1): 229 - 233.

[24] LIU J Y, ZHANG K F. Promotion mechanism of electric current on SiC_p/Al composite material deformation[J]. Materials Science and Technology, 2015, 31(4): 468 - 473.

[25] MAGARGEE J, MORESTIN F, CAO J. Characterization of flow stress for commercially pure titanium subjected to electrically-assisted deformation[R]. ASME 2013 International Manufacturing Science and Engineering Conference Collocated with the North American Manufacturing Research Conference, 2013: 215.

[26] 赵双军, 李细锋, 陈军. 脉冲电流对 SUS304 不锈钢拉伸性能的影响[J]. 塑性工程学报, 2015(6): 113 - 118.

[27] 霭振球, 闫磊, 董湘怀. AZ31 镁合金与 DP980 高强钢的纯电塑性效应实验研究[J]. 热加工工艺, 2015(4): 31 - 36.

［28］ BREDA M，MICHIELETTO F，BERIDZE E，et al. Experimental study on electroplastic effect in AISI 316L austenitic stainless steel［J］. Applied Mechanics & Materials，2015，792：568 - 571.

［29］ JIANG T H，PENG L F，YI P Y，et al. Flow behavior and plasticity of Ti - 6Al - 4V under different electrically assisted treatments［J］. Materials Research Express，2016，3(12)：126505.

［30］ SONG P，LI X，WEI D，et al. Electroplastic tensile behavior of 5A90 Al - Li alloys ［J］. Acta Metallurgica Sinica，2014，27(4)：642 - 648.

［31］ HARIHARAN K，LEE M G，KIM M J，et al. Decoupling thermal and electrical effect in an electrically assisted uniaxial tensile test using finite element analysis［J］. Metallurgical and Materials Transactions A，2015，46(7)：3043 - 3051.

［32］ ROH J H，SEO J J，HONG S T，et al. The mechanical behavior of 5052 - H32 aluminum alloys under a pulsed electric current［J］. International Journal of Plasticity，2014，58(7)：84 - 99.

［33］ 范蓉,赵坤民,任大鑫,等. 脉冲电流对 Al - Mg 合金力学性能和断口的影响［J］. 中国科学：技术科学,2016(7)：717 - 721.

第 2 章　不同材料的电致塑性变形行为

2.1　5A90 铝锂合金

2.1.1　研究背景

5A90 铝锂合金作为一种新型轻质合金材料,具有低密度、高比强度与比刚度、高弹性模量等优良的性能,广泛应用于航空航天领域。但是铝锂合金在室温下的塑性较差,难以采用传统的冷成形工艺生产复杂零部件,给其应用带来一定的困难。很多科学家致力于通过其他的成形方法来提高材料的力学性能,包括热成形、渐进成形和电塑性成形等几种成形方法。其中,电塑性成形由于加工时间短、费用低、能耗少而备受关注。电塑性成形是利用通电脉冲的电塑性效应来加工成形材料。电塑性效应主要是焦耳热效应、纯电塑性效应和集肤效应的综合作用。在通常情况下,集肤效应效果不明显,不予考虑。因此,通电脉冲主要通过焦耳热效应和纯电塑性效应来提高材料的延伸率,降低流动应力,进而提高材料的成形性能。

金属材料的单向拉伸实验是评价板料力学性能和成形性能的主要实验方法。拉伸实验在达到破坏前的变形是均匀的,能够得到单向的应力-应变曲线,在金属成形的材料实验中有着广泛的应用。实验通过研究在不同条件下材料的屈服强度、抗拉强度、延伸率等参数来衡量材料的力学性能。首先完成室温拉伸,得到 5A90 铝锂合金在室温下的力学性能参数;然后在不同电参数和温度下完成电塑性拉伸和热拉伸实验,对比实验结果,得到电塑性拉伸实验规律。

2.1.2　实验设备与材料

拉伸实验装置为 CMT‑1203SANS 拉伸试验机和 TSGZ‑2.0KVA 脉冲电

源,拉伸过程中应力由计算机通过力学实验机上的传感器采集得到。脉冲电源将电流引入拉伸试样,利用 Tektronix‑TDS1002 示波器记录实验过程中的通电脉冲波形、电流、频率等参数。

电塑性拉伸、冲压材料选择国内生产的经过热处理的 5A90 铝锂合金板材,化学元素成分如表 2‑1 所示。

表 2‑1   5A90 铝锂合金的化学成分

元素成分	Mg	Li	Zr	Fe	Si	Ti	Al
质量分数/%	6.44	1.8	0.11	0.09	0.01	0.04	余量

2.1.3   电塑性拉伸实验

实验开始前,沿着与轧制方向成 45°的方向切割板料,获取单拉试样。试样的平行长度为 35 mm,标距为 25 mm,宽度为 6 mm,厚度为 1.9 mm,其尺寸如图 2‑1 所示。图 2‑2 显示了电塑性拉伸实验示意图,在电塑性拉伸实验过程中,通过上下夹头夹住试样两端,夹头上设有绝缘装置,电源通过导线连接于试样的上下两端,实验时接通电源并拉伸。热拉伸实验需将材料在加热炉中加热到恒定温度,后在拉伸机上拉伸。通过拉伸实验设备对实验数据进行记录,经过后期的处理和计算,可以得到 5A90 铝锂合金板材的应力‑应变曲线和基本力学性能参数,包括屈服强度、抗拉强度、延伸率等。在实验中,每组试样至少重复三次实验,取其结果平均值。

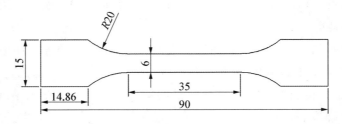

图 2‑1   拉伸试样尺寸(单位:mm)

在实验过程中通过电源调节电流大小和频率,使用的通电脉冲的频率为 250 Hz,周期为 4 000 μs,一个周期内通电脉冲持续时间为 60 μs,是一个正弦波形,如图 2‑3 所示。

峰值电流通过示波器测量,有效电流密度通过式(2‑1)来计算。

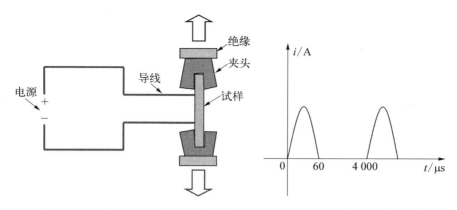

图 2-2 电塑性拉伸实验装置示意图　　图 2-3 脉冲电流的波形

$$I = \frac{I_m \times \sqrt{\dfrac{t_1}{2T}}}{A} \qquad (2-1)$$

式中：I_m 是峰值电流；t_1 是一个脉冲持续时间，$t_1 = 60\ \mu s$；T 是一个脉冲周期，$T = 4\ 000\ \mu s$；A 是拉伸试样的横截面积。

拉伸实验中使用的峰值电流密度的范围是 $0 \sim 186\ A/mm^2$，有效电流密度是 $0 \sim 16.11\ A/mm^2$。

2.1.4　实验结果与分析

延伸率是通过单向拉伸实验来衡量材料塑性变形能力大小的物理量，其值越大，表明材料的塑性越好。屈服强度表示金属材料发生屈服现象的屈服极限，亦即抵抗微量塑性变形的应力。屈服强度越小，材料发生屈服时所需的应力越小，材料变形时所需的变形力越低，成形零件回弹越小，贴膜性和定形性越好；屈服强度越大，材料发生塑性变形所需的变形力大，材料成形后的回弹大。抗拉强度是试样拉断前所能承受的最大应力，其值越大，表征在材料成形过程中工件破裂前所能承载的应力越大，其变形程度也越大。对于塑性材料，拉伸试样在未达到最大拉应力之前，是均匀变形；一旦超过最大拉应力，材料就会出现颈缩，产生集中变形。

实验测得 5A90 铝锂合金在不同条件下的力学性能如表 2-2 所示。将拉伸试样 B、C、D、E、F 与拉伸试样 A 对比，可以发现，通电脉冲可以显著降低材料的流动应力、屈服强度和抗拉强度，提高材料的延伸率。当试样 G 电流密度提高到 14.72 A/mm² 时,与试样 A 比较,结果显示,通电脉冲将材料的延伸率从室温下的 24.1% 提高到 60.1%,提高了 149%;屈服强度从 145 MPa 降至 52 MPa,抗拉强度从 385 MPa 降至 158 MPa,分别降低了 64% 和 59%。

表 2-2 5A90 铝锂合金在不同条件下的力学性能

试样	峰值电流密度 /(A/mm²)	有效电流密度 /(A/mm²)	温度 /℃	延伸率 /%	屈服强度 σ_b/MPa	抗拉强度 σ_s/MPa
A	—	—	15	24.1	145	385
B	25	2.17	—	25.9	144	378
C	40	3.47	—	26.1	142	374
D	55	4.76	—	29.2	119	347
E	109	9.44	110	36.1	114	294
F	144	12.47	210	38.6	110	220
G	170	14.72	290	60.1	52	158
H	186	16.11	320	51.9	48	136
I	—	—	110	32.2	201	318
J	—	—	210	34.9	196	229
K	—	—	290	54.4	123	127

Perkins 等[1]提出在电塑性拉伸实验中,在两个电流密度之间存在一个临界值,在临界值之下,通电脉冲对材料的力学性能未有明显的作用,一旦超过临界值,通电脉冲的电塑性效应将显著提高材料的力学性能。如图 2-4 所示,拉伸试样在不同条件下工程应力-应变曲线,在实验中,拉伸试样 C 的电流密度低于 3.47 A/mm²,通电脉冲并不能够显著提高材料的延伸率,改变材料的流动应力。但是,当电流密度大于 4.76 A/mm²(拉伸试样 D)时,材料的流动应力明显降低并且延伸率也有较大的提高。因此,对 5A90 铝锂合金来说,有效电流密度 4.76 A/mm² 可能是通电脉冲发挥电塑性效应的临界值。

图 2-5 显示了电塑性拉伸试样电流密度与力学性能的关系曲线,图 2-6 显示的是部分拉伸实验实物图。由图 2-5 和图 2-6 可以看出,在一定范围内,电流密度越大,材料的流动应力、屈服强度和抗拉强度降低得越明显,延伸率提高的也越大。抗拉强度的降低表明,随着电流密度升高,拉伸力降低,在拉伸成形过程中,可降低拉伸件底部临界变形区和直壁部分所受的拉应力,减少在成形过程中板材破裂的可能性,利于材料成形。屈服强度的降低表明,随着电流密度

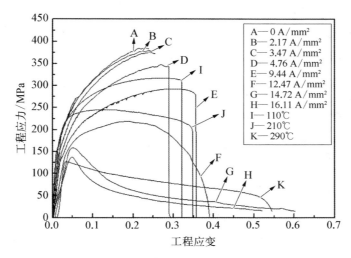

图 2-4　拉伸试样在不同条件下工程应力-应变曲线

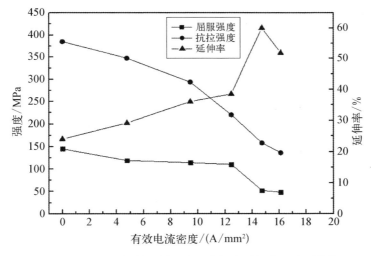

图 2-5　电塑性拉伸试样电流密度与力学性能的关系曲线

的变大,温度也相应提高,材料更容易发生屈服而进入塑性变形阶段,有利于降低在材料变形过程中的所需的机械能、降低材料成形后的回弹、提高成形后工件的质量和精度。延伸率提高表明,随着电流密度的提高,板材的塑性提高。但是,当拉伸试样的有效电流密度增加到 16.11 A/mm² 时,与电流密度 14.72 A/mm² 的拉伸试样相比,它的延伸率反而降低。因为试样有效电流密度增加到 16.11 A/mm² 时的温度太高,有可能产生热应力或者是缺陷。这些热应力和缺

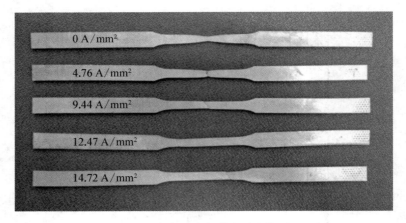

图 2 - 6　部分电拉伸实验实物图

陷会使材料更快的变形并且更容易发生颈缩，导致材料的延伸率降低。因此，电流密度 14.72 A/mm² 可能是 5A90 铝锂合金提高延伸率、降低流动应力的比较优化的电参数。

2.2　TC4 钛合金

2.2.1　研究背景

TC4 钛合金作为一种重要的轻质结构材料，因其低密度、高比强度与比刚度、抗腐蚀性强等优良的性能，在航空航天和军事工业等领域有着广泛的应用。虽然钛合金具有以上优点，但是钛合金在常温下延伸率低、冲压成形性能差，难以采用传统的冷成形工艺生产形状复杂零部件，限制了其应用发展。为了提高钛合金的成形性能，通常采用热成形、渐进成形和电塑性成形等工艺方法。其中，电塑性成形因加工时间短、能耗少、费用低而受关注，并且电塑性成形比热成形和渐进成形效率更高。

金属材料的拉伸实验是测试材料力学性能和力学行为经常使用的一种方法。一方面，通过材料的拉伸实验，可以测定金属材料的延伸率、屈服强度、抗拉强度、弹性模量和断面收缩率等基本力学性能指标。这些力学性能指标可以用作实际生产中板材选择和强度校核的重要依据。另一方面，通过金属材料的单拉实验，可以获得材料的应力-应变曲线，研究材料弹性变形、塑性变形和最后断裂的规律等。通过实验研究在不同条件下 TC4 钛合金的延伸率、屈服强度、抗拉强度和弹性模量等参数来衡量材料力学性能的变化。首先，分别完成

$9.2\,\mu m$、$17.8\,\mu m$ 和 $27.4\,\mu m$ 三种不同晶粒尺寸的室温拉伸实验,得到三种晶粒尺寸 TC4 钛合金室温下的拉伸性能参数;其次,分别进行不同电流密度的电塑性拉伸实验;最后,对比试验结果,研究脉冲电流和晶粒尺寸对 TC4 钛合金力学性能的影响规律。

2.2.2　实验设备与材料

通过 YFX16/-130-YC 电阻炉对原始 TC4 钛合金板材进行热处理,以获得三种不同晶粒尺寸的单拉试样。单拉实验装置为 CMT-1203SANS 拉伸试验机和 TSGZ-2.0KVA 脉冲电源,脉冲电源将脉冲电流引入拉伸试样和弯曲试样,利用 Tektronix-TDS1002 示波器记录实验过程中的通电脉冲波形、电流、频率等参数。

所用实验材料为厚度 1 mm 的 TC4 钛合金退火态板材。TC4 钛合金是等轴($\alpha+\beta$)两相合金,名义成分为 Ti-6Al-4V。其化学元素成分如表 2-3 所示,显微组织如图 2-7 所示。

表 2-3　TC4 钛合金板材的化学成分

元素成分	Al	V	Fe	Si	Ti
质量分数/%	5.98	4.25	0.23	0.23	余量

2.2.3　电塑性拉伸实验

与室温拉伸相比,电塑性单拉试样设计需要满足试样夹持段的长度足够长,以保证脉冲电流可以通过夹持段施加在拉伸试样上。本书所采用的单拉试样的平行段长度 35 mm,标距段长度为 25 mm,宽度为 6 mm,总长度为 180 mm,厚度为 1 mm,单轴拉试样外形尺寸如图 2-8 所示。

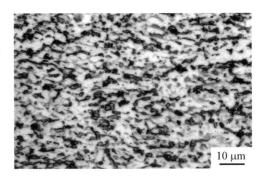

10 μm

图 2-7　TC4 钛合金的显微组织

单轴拉试样在取样时沿着 TC4 钛合金板材的轧制方向,由电火花线切割加工得到,加工后的试样由砂纸打磨去掉毛刺并用丙酮清洗去除表面的油污。

从原始板材上切割的部分单拉试样通过热处理来获得其他两种不同晶粒尺寸的单拉试样。用 ImageJ 软件中的平均截距法来计算三种单拉试样的平均晶

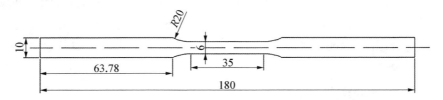

图 2-8 单轴拉伸试样尺寸（单位：mm）

粒尺寸。计算结果显示，原始板材单拉试样的平均晶粒尺寸为 9.2 μm，经过热处理 900℃ 温度下分别保温 2 h 和 4 h 的平均晶粒尺寸分别为 17.8 μm 和 27.4 μm。图 2-9 是 17.8 μm 和 27.4 μm 晶粒尺寸的 TC4 钛合金显微组织。最后分别对 9.2 μm、17.8 μm 和 27.4 μm 三种不同晶粒尺寸的单拉试样进行室温拉伸和电塑性拉伸。单拉实验是在 CMT-1203SANS 电子万能力学试验机上进行的。本文电塑性拉伸过程中所使用的峰值电流密度为 0~154.67 A/mm^2，有效电流密度为 0~10.48 A/mm^2。

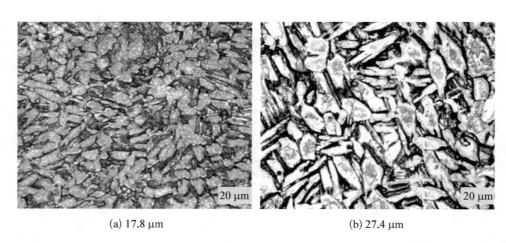

(a) 17.8 μm   (b) 27.4 μm

图 2-9 TC4 钛合金显微组织

2.2.4 实验结果与分析

拉伸实验分成两组：一组是室温拉伸；另一组是电塑性拉伸。其中，每一组都含有 9.2 μm、17.8 μm 和 27.4 μm 三种不同晶粒尺寸的拉伸试样，拉伸应变速率设置为 1×10^{-3} s^{-1}。所使用的脉冲电流峰值电流密度为 0~154.67 A/mm^2，有效电流密度为 0~10.48 A/mm^2。为了保证实验结果的稳定性和可靠性，每组试样至少重复三次实验，结果取其平均值。

晶粒尺寸分别为 $9.2\ \mu m$、$17.8\ \mu m$ 和 $27.4\ \mu m$ 的 TC4 钛合金在不同有效电流密度下的拉伸性能和工程应力-应变曲线分别如表 2-4 和图 2-10 所示。

表 2-4　TC4 钛合金在不同条件下的拉伸性能

晶粒尺寸 /μm	有效电流密度 /(A/mm^2)	延伸率 /%	屈服强度 /MPa	抗拉强度 /MPa
9.2	0.00	14.1	1 003	1 029
	6.36	14.3	522	655
	9.03	20.1	474	492
	10.48	34.2	237	266
17.8	0.00	4.2	865	866
	6.36	11.9	582	637
	9.03	12.1	434	525
	10.48	20.3	322	336
27.4	0.00	2.1	853	854
	6.36	10.1	539	574
	9.03	10.6	442	528
	10.48	12.4	369	396

分别观察三种晶粒尺寸 TC4 钛合金性能的变化,可以得出一致的规律:将通电拉伸和室温拉伸相比,发现脉冲电流可以有效降低 TC4 钛合金的流动应力,提

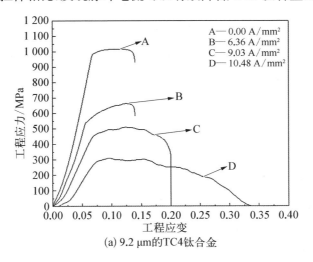

(a) 9.2 μm的TC4钛合金

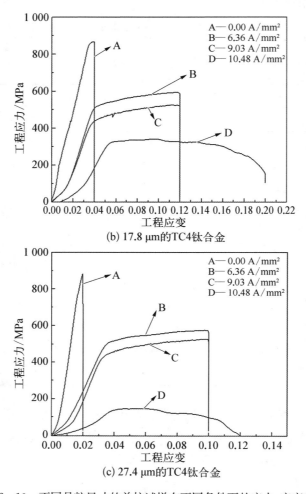

图 2-10　不同晶粒尺寸的单拉试样在不同条件下的应力-应变曲线

高材料延伸率,并且随着有效电流密度的增加,流动应力降低和延伸率提高越明显。在工程应力-应变曲线中,曲线的斜率可以反映材料弹性模量的变化。由图 2-10 可知,随着有效电流密度的增加,曲线斜率有明显减小的趋势,材料的弹性模量也相应地减小,这种变化规律对不同晶粒尺寸的 TC4 钛合金来说是一致的。综上可知:无论晶粒尺寸大小,TC4 钛合金的延伸率都随着有效电流密度的增加而提高,流动应力和弹性模量都随着有效电流密度的增加而降低。

　　上面定性地描述了三种不同晶粒尺寸的单拉试样在不同有效电流密度下的工程应力-应变曲线,接下来将研究脉冲电流和晶粒尺寸对 TC4 钛合金延伸率、屈服强度和抗拉强度的影响规律。

2.2.5 脉冲电流对 TC4 钛合金强度的影响

图 2-11 为脉冲电流对 TC4 钛合金屈服和抗拉强度的影响。由图 2-11 可知,与室温拉伸相比,通电拉伸可以显著降低 TC4 钛合金的屈服强度和抗拉强度,并且随着有效电流密度的增大,抗拉强度和屈服强度的降低越明显。对于晶粒尺寸为 9.2 μm 的 TC4 钛合金单拉试样,当有效电流密度为 6.36 A/mm² 时,与室温拉伸相比,屈服强度由 1 003 MPa 降低到 522 MPa,抗拉强度由 1 029 MPa 降低到 655 MPa,分别降低了 48.0% 和 36.3%。当有效电流密度为 10.48 A/mm² 时,屈服强度和抗拉强度分别降低了 76.4%(1 003 MPa 降低到 237 MPa)和 74.1%(1 029 MPa 降低到 266 MPa)。对于晶粒尺寸为 17.8 μm 和 27.4 μm 的 TC4 钛合金单拉试样,抗拉强度和屈服强度的变化与晶粒尺寸为 9.2 μm 的单拉试样具有相同的变化规律。

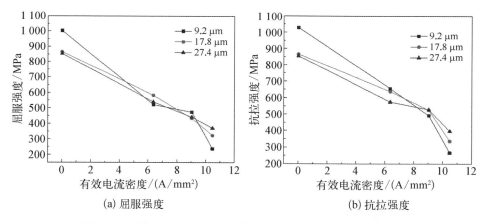

(a) 屈服强度　　　　　　　　(b) 抗拉强度

图 2-11　脉冲电流对 TC4 钛合金屈服强度和抗拉强度的影响

在室温下,TC4 钛合金屈服强度和抗拉强度高,但随着有效电流密度的增大,屈服强度和抗拉强度明显降低。这是因为当室温拉伸时,随着变形不断继续,位错密度增大,大量位错容易缠结,阻碍位错运动,材料加工硬化现象严重,变形抗力增强,流动应力增加,所以室温拉伸时 TC4 钛合金的屈服强度和抗拉强度都较高。在拉伸实验过程中,当有脉冲电流通过时,一方面由于脉冲电流的焦耳热效应,使 TC4 钛合金单拉试样温度升高,促进材料的回复和再结晶,弱化材料的加工硬化现象,进而降低流动应力;另一方面,由于漂移电子能够推动位错的运动,并且可以提供位错运动足够的能量,打开位错缠结,降低位错密度,促进位错的滑移和攀移,使变形更加容易进行,所以通电拉伸时强度明显减小。由于脉冲电流的焦耳热效应和漂移电子对位错运动的促进作用随着有效电流密度的增大而增强,因此电塑性拉伸时,有效电流密度越大,屈服强度和抗拉强度越低。材料的弯曲回弹角和屈服强度成正比,所以屈服强度降低表明,材料弯曲成形后回弹角越小,材料的成形性能越好。

2.2.5.1 脉冲电流对 TC4 钛合金延伸率的影响

延伸率是描述材料塑性好坏的重要指标,延伸率越高,意味着材料的塑性就越好,越有利于复杂零件的成形。图 2-12 是脉冲电流对 TC4 钛合金延伸率的影响。由图 2-12 可知,当通电拉伸时,TC4 钛合金的延伸率明显提高,并且随着有效电流密度的增大,延伸率提高越明显。对于晶粒尺寸为 $9.2~\mu m$ 的 TC4 钛合金单拉试样,当有效电流密度为 $6.36~A/mm^2$ 时,延伸率基本没有什么变化;当有效电流密度为 $9.03~A/mm^2$ 时,延伸率为 20.1%。和室温拉伸相比,延伸率提高了 42.6%。当有效电流密度为 $10.48~A/mm^2$ 时,延伸率提高了 142.6%(从 14.1% 到 34.2%)。所以,当电塑性拉伸时,有效电流密度越大,延伸率越高,材料的塑性就越好。对于晶粒尺寸为 $17.8~\mu m$ 和 $27.4~\mu m$ 的 TC4 钛合金,延伸率的变化趋势大致相同。

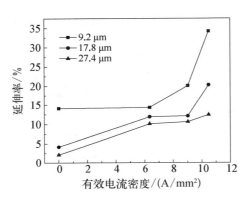

图 2-12 脉冲电流对 TC4 钛合金延伸率的影响

TC4 钛合金是 $(\alpha+\beta)$ 两相合金,以 α 相为基体,其中 α 相为密排六方结构,室温下 α 相中滑移系数目较少,发生塑性变形的能力差,所以室温下 TC4 钛合金延伸率较低。当有脉冲电流作用时,延伸率显著提高,并且随着有效电流密度的增大,TC4 钛合金延伸率提高越明显。这是因为当有脉冲电流施加于拉伸过程时,一方面由于脉冲电流的焦耳热效应使 TC4 钛合金单拉试样温度升高,原子活动能力增强,六方晶格组织中的滑移系数目增多;另一方面,由于漂移电子对位错的作用,促进位错增殖和运动,所以 TC4 钛合金的塑性随着有效电流密度的增大而明显提高。

2.2.5.2 晶粒尺寸对 TC4 钛合金室温拉伸性能的影响

图 2-13 是室温拉伸时晶粒尺寸对 TC4 钛合金屈服强度和抗拉强度的影

响。由图 2-13 看出,随着平均晶粒尺寸的增大,TC4 钛合金的屈服强度和抗拉强度不断降低。和晶粒尺寸为 9.2 μm 的 TC4 钛合金相比,晶粒尺寸为 27.4 μm 的 TC4 钛合金的抗拉强度和屈服强度分别降低了 20% 和 17%。实验证明,晶粒细化可以提高 TC4 钛合金的强度。

图 2-14 是室温拉伸时晶粒尺寸对 TC4 钛合金延伸率的影响。由图 2-14 可知,随着平均晶粒尺寸的减小,TC4 钛合金的延伸率不断增大。晶粒尺寸为 17.8 μm 的单拉试样延伸率和晶粒尺寸为 27.4 μm 的单拉试样延伸率分别仅为晶粒尺寸为 9.2 μm 的单拉试样延伸率的 29.8% 和 14.9%。实验证明,晶粒细化能够显著增强 TC4 钛合金的塑性变形能力。

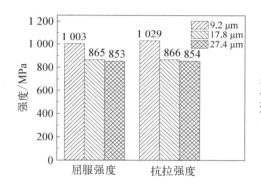

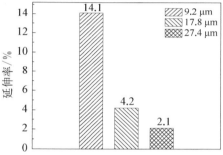

图 2-13　室温拉伸时晶粒尺寸对 TC4 钛合金屈服强度和抗拉强度的影响
图 2-14　室温拉伸时晶粒尺寸对 TC4 钛合金延伸率的影响

当位错在多晶体中滑移时,晶界会对位错的运动产生阻力,晶粒越细小,表明单位体积内晶粒数目越多,晶界面积就越大,对位错运动产生的阻力就越大,所以晶粒细化可以提高材料的强度。而对于塑性,晶粒越细小,单体体积内所含有的晶粒数目就越多,变形时同样的形变量可以更加均匀地散布在更多的晶粒中进行,避免局部应力集中引起裂纹的过早产生和发展。同时,晶界面积增多,致使裂纹扩展的阻力增加,增加断裂形变,所以晶粒细化可以提高材料的塑性变形能力。

2.2.5.3　晶粒尺寸对 TC4 钛合金电塑性拉伸性能的影响

图 2-15 是晶粒尺寸对 TC4 钛合金电塑性拉伸屈服强度和抗拉强度的影响。当有效电流密度为 10.48 A/mm² 时,和室温拉伸相比,TC4 钛合金屈服强度和抗拉强度的降低随着晶粒尺寸的增大而不断减小。对于晶粒尺寸为 9.2 μm 的 TC4 钛合金单拉试样,其屈服强度和抗拉强度的降低分别为 76.4%

和 74.1%;而对于晶粒尺寸为 27.4 μm 的 TC4 钛合金来说,其屈服强度和抗拉强度的降低分别为 56.7% 和 53.6%。

图 2-16 是晶粒尺寸对 TC4 钛合金电塑性延伸率的影响。对于晶粒尺寸为 9.2 μm、17.8 μm 和 27.4 μm 的 TC4 钛合金单拉试样,当通过试样的有效电流密度从 6.36 A/mm^2 增大到 10.48 A/mm^2 时,三者延伸率分别提高 58.2%、41.1% 和 22.8%。随着晶粒尺寸的增大,电塑性延伸率的提高不断减小。

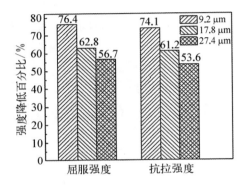

图 2-15　晶粒尺寸对 TC4 钛合金电塑性拉伸屈服强度和抗拉强度的影响(10.48 A/ mm^2 和室温拉伸对比)

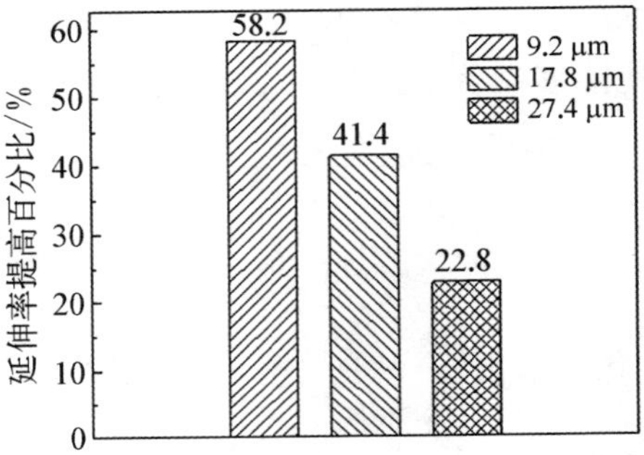

图 2-16　晶粒尺寸对 TC4 钛合金电塑性拉伸延伸率的影响(10.48 A/ mm^2 和 6.36 A/mm^2 对比)

晶粒越细小,其比表面积就越大,单位体积内所含有的晶界面积就越多。当脉冲电流施加在材料上时,脉冲电流是沿着晶界流动的,所以晶粒越小,脉冲电流所流过的晶界越多,材料温度越高,电塑性效应就越明显。宏观表现为,施加同样的脉冲电流,细晶材料的延伸率、屈服强度和抗拉强度的变化要比粗晶材料要大。

2.3　SUS304 不锈钢

从 20 世纪 90 年代开始,汽车行业有几个明显的发展趋势,如汽车安全性能的增加、舒适性以及驾驶性能的提高等。为了满足这些需求,汽车内部增加了很多系统与装置,这导致了车身质量的大幅增加。进入 21 世纪以来,全球气候逐渐变暖,能源紧缺问题也逐渐浮现。在这个大背景下,结构轻量化、降低产品能耗、提高燃料的经济性已经成了汽车行业追求的目标。为了改善汽车的上述性能,平衡安全与节能的要求,汽车制造企业采取的措施是减轻汽车自身的重量。因此,用比强度(强度-重量比)高的材料来替代现有的汽车用材料是汽车业发展的必然趋势。

一般来说,常见的比强度高的材料有铝合金、镁合金、钛合金以及高强钢。综合材料本身的性能和经济性多方面考虑,高强钢是满足减轻汽车车身重量、增强车辆安全性能的一个很好的选择。近年来,一类具有相变诱发塑性(transformation induced plasticity,TRIP)效应的高强钢板开始受到人们广泛的关注,日、韩等国家十分重视这类高强钢板的研究,TRIP 钢是车身用新材料关注的热点[2]。

在一定的变形条件下,具有 TRIP 效应的钢板在材料中发生应力集中的区域可以通过亚稳态奥氏体相变为马氏体,吸收变形产生的应变能,使材料裂纹附近的应力集中状态得到缓解,裂纹的生长速度放缓,从而使材料的延伸率提高,特别是均匀延伸率。原材料内部发生马氏体相变后,基体的强度又得到提高。因此 TRIP 效应令材料具有强度与塑性的良好匹配,使材料能够很好地满足汽车覆盖件形状复杂、强度高、重量轻的要求。目前常用的具有 TRIP 效应的钢种有低合金铁素体-贝氏体钢、高合金不锈钢和淬火配分钢等。第一种又称为 L-TRIP 钢,是一种较为常见的 TRIP 钢;第二种又称为 H-TRIP 钢,本书中所用的 SUS304 亚稳态奥氏体不锈钢就属于此类。H-TRIP 的性能与 L-TRIP 相比,具有很大的优势。H-TRIP 钢具有高防腐性、低维修成本以及美观环保等诸多优点,优异的性能使其成为一种十分理想的冲压用钢。

2.3.1　实验过程与结果分析

通过在不同电流密度下的单向拉伸实验,测定 SUS304 不锈钢在不同电流密度下的流动应力和力学性能指标,考察脉冲电流对材料流动应力以及延伸率、屈服强度等基本力学性能指标的影响规律。根据试样尺寸,电塑性拉伸的速率为 10.5 mm/min,即应变速率为 0.005 s^{-1}。调节电流频率和电压,电流密度分别为 0 A/mm², 2.95 A/mm², 5.09 A/mm², 8.37 A/mm², 11.51 A/mm²。实验结果及数据如表 2-5 所示。

表 2-5　SUS304 奥氏体不锈钢在不同条件下的力学性能

有效电流密度/(A/mm²)	温度/℃	屈服强度/MPa	抗拉强度/MPa	延伸率/%
0	20.0	286.8	751.5	58.7
2.95	57.9	263.9	589.2	47.6
5.09	119.9	260.9	469.4	36.6
8.37	228.7	226.7	428.4	33.1
11.51	351.9	202.3	341.3	28.0

　　表 2-5 中的温度为拉伸过程中的最高温度,通过热像仪测得。从表 2-5
中可以看出,在室温不加电的情况下,SUS304 奥氏体不锈钢的屈服强度为
286.8 MPa,抗拉强度为 751.5 MPa,随着电流密度的增大,材料的屈服强度和
抗拉强度降低。当电流密度为 11.51 A/mm² 时,SUS304 奥氏体不锈钢的屈
服强度为 202.3 MPa,抗拉强度变为 341.3 MPa,分别下降了 29.5% 和
54.6%。

　　图 2-17 部分电拉伸实验实物图是部分拉伸试样的实物图。从图 2-17 中
可以看出,试样 A 到试样 H 的延伸率依次降低。室温时 SUS304 奥氏体不锈钢
的延伸率为 58.7%,随着电流密度增大,拉伸过程中的温度逐渐升高,但延伸率
反而下降,这和材料延伸率随温度变化的一般规律以及之前学者的研究结果
相反。

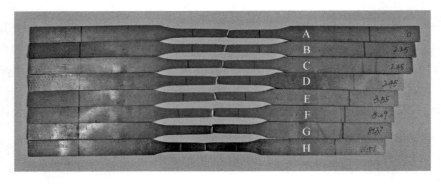

A—0 A/mm²;B—2.25 A/mm²;C—2.48 A/mm²;D—2.95 A/mm²;E—3.55 A/mm²;
F—5.09 A/mm²;G—8.37 A/mm²;H—11.51 A/mm²。

图 2-17　部分电拉伸实验实物图

　　将实验结果得到的工程应力-应变曲线进行处理,得到在不同电流密度下的
真应力真应变曲线。真应变和工程应变通过式(2-2)转换。

$$e_T = \ln(1+e) \tag{2-2}$$

式中:e_T 是真实应变;e 是工程应变。

　　真应力和工程应力的转换公式为:

$$s_T = s(1+e) \tag{2-3}$$

式中:s_T 是真应力;s 是工程应力。

　　用式(2-3)处理之后得到的真应力-真应变曲线如图 2-18 所示。

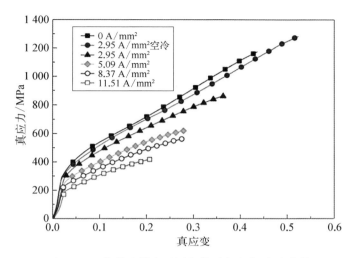

图 2-18　拉伸试样在不同条件下真应力-应变曲线

图 2-18 显示了 SUS304 奥氏体不锈钢电塑性拉伸过程中的流动应力和电流密度之间的关系。从图 2-18 中可以看出,随着电流密度的增大,材料的流动应力显著下降。随着电流密度的增大,材料流动应力上升的趋势变得平缓,硬化系数变小。在室温拉伸时,材料最大真实应力达到了 1 200 MPa 左右,而在电流密度为 11.51 A/mm² 时,最大真实应力仅为 400 MPa 左右。

不同电流密度下电塑性拉伸过程中的最高温度和延伸率的变化趋势如图 2-19 所示。从图 2-19 中可以看出,试样表面的温度随着电流密度的增加

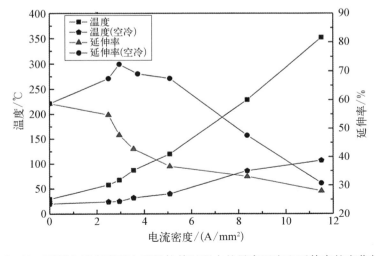

图 2-19　不同电流密度下电塑性拉伸过程中的最高温度和延伸率的变化趋势

快速升高。当电流密度为 11. 51 A/mm^2 时,最高温度达到 351. 9℃。一般说来,材料温度升高时会发生软化,使变形容易进行,材料的流动应力下降。所以流动应力的降低有一部分原因是电流产生的焦耳热效应使材料发生软化,进而降低流动应力和拉伸力。此外,随着电流密度的增大,SUS304 奥氏体不锈钢的延伸率和试样表面温度呈负相关,这说明 SUS304 奥氏体不锈钢的延伸率受焦耳热效应的影响,并且焦耳热效应使材料延伸率变差。

2.3.2 电塑性效应系数的求解

电塑性效应系数(electroplastic effect coefficient)的概念是反映用于塑性变形的电功率占电源总电功率的比例。这部分电功率用于给位错提供额外的能量,帮助位错克服晶格阻力继续运动。电塑性效应系数 ξ 也揭示了脉冲电流中纯电塑性效应对降低材料流动应力所贡献比例的大小。

基于能量模型给出了电塑性效应系数求解公式:

$$J_{\text{total}} = J_m + J_e \tag{2-4}$$

式中：J_{total} 是拉伸过程中的总功率;J_m 是拉伸试验机的机械功率;J_e 是拉伸过程中消耗的电功率。

各部分计算公式具体如下:

$$J_m = A\sigma_{\text{EAF}}\dot{u} \tag{2-5}$$

$$J_e = \eta\xi VI \tag{2-6}$$

$$J_{\text{total}} = A\sigma_T\dot{u} \tag{2-7}$$

式中：σ_{EAF} 是电塑性拉伸时的应力;$\dot{u}$ 是拉伸速率;h 是电源转换效率;σ_T 是室温不加电时的拉伸应力;A 是材料瞬时横截面积;η 是功率效率。

由式(2-5)、式(2-6)、式(2-7)可得

$$A\sigma_T\dot{u} = A\sigma_{\text{EAF}}\dot{u} + \eta\xi VI \tag{2-8}$$

变形速率和拉伸速率之间的等量关系为:

$$\dot{u} = \dot{\varepsilon}L_C \tag{2-9}$$

式中：$\dot{\varepsilon}$ 是应变速率;L_C 是平行段长度。

由式(2-8)和式(2-9)可以得到电塑性效应系数:

$$\xi = \frac{(s_T - s_{\text{EAF}})A\dot{\varepsilon}L_C}{hVI} \tag{2-10}$$

假设电源转化效率为 100%,即 h 等于 1。因为拉伸过程中材料瞬时横截面积 A 和初始横截面积 A_0 的关系为 $A = A_0 e^{-\epsilon}$,所以得到最终电塑性效应系数的求解公式为:

$$\xi = \frac{(s_T - s_{EAF}) A_0 e^{-\epsilon} \dot{\epsilon} L_C}{hVI} \qquad (2-11)$$

图 2-20 给出了不同电流密度下的电塑性效应系数随应变的变化趋势。一般地,电塑性效应系数并不是一个恒定的量,材料本身性质、电流密度、应变、应变速率以及试样尺寸等都会对电塑性效应系数产生影响。从图 2-20 中可以看出,电塑性效应系数随着变形的进行而不断变化。电塑性效应系数并没有随着变形的增大而单调递增,但总体有上升趋势,在变形结束前后达到最大值。电流密度为 2.49 A/mm² 时,电塑性效应系数的最大值在 0.17 左右;电流密度为 5.07 A/mm² 时,达到了 0.27(值偏大)。就给定应变而言,电流密度越大,电塑性效应系数越大。这说明电流密度越大,相比焦耳热效应,纯电塑性效应对材料应力下降的贡献比例越大。

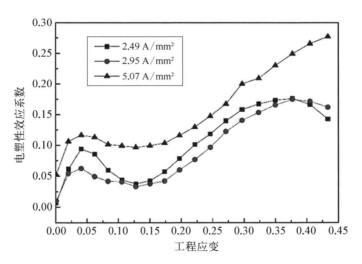

图 2-20　不同电流密度下的电塑性效应系数

2.4　AZ31 镁合金

2.4.1　AZ31 镁合金室温单向拉伸实验

根据实验得到的工程应力-应变曲线,参考 GB/T228-2002《金属材料室温拉伸试验方法》和 GB/T 5028-2008《金属材料薄板和薄带拉伸应变硬化指数（n 值）的测定》，可以得到室温条件下不同拉伸速度的 AZ31 镁合金的屈服强度 $\sigma_{0.2}$、抗拉强度 σ_b、屈强比 $\sigma_{0.2}/\sigma_b$、均匀延伸率 δ_u、硬化指数 n。试样的断裂延伸率 δ 可由式(2-12)计算得到：

$$\delta = \frac{l}{l_0} \times 100 \tag{2-12}$$

式中：l 是试样拉断后标距内的长度；l_0 是试样的标距。

AZ31 镁合金室温拉伸力学性能如表 2-6 所示。从表 2-6 中可以看出，材料的屈服强度、抗拉强度及屈强比均随着拉伸速度的增大而增大，提高应变速率会引起变形力的增大。断裂延伸率和断面收缩率均随拉伸速度的增大而减小，提高应变速率降低了材料的塑性变形能力。在 6%～10% 应变范围内的 n 值随应变速率的增大而稍有减小，反映了材料抵抗局部变薄的能力减小了。综上可知，镁合金板料在室温下塑性较差，具有一定的应变速率敏感性，随着应变速率的增大，材料的室温成形性能变差。

表 2-6 **AZ31 镁合金室温拉伸力学性能参数**

拉伸速度 /(mm/min)	屈服强度 $\sigma_{0.2}$/MPa	抗拉强度 σ_b/MPa	屈强比 $\sigma_{0.2}/\sigma_b$	断面收缩率 ψ/%	断裂延伸率 δ/%	硬化指数 n/(6%～10%)
1.5	175	296	0.59	21.6	21	0.177
15	185	301	0.61	21	19	0.16
150	190	306	0.62	19.8	17	0.154

AZ31 镁合金是密排六方晶体结构，其塑性变形机制为滑移和孪生，材料在室温下仅有基面滑移系开动，再加上层错能低，难以进行交滑移，主要进行单系滑移。虽然孪生有助于改善晶体取向，使之有利于进行滑移，但其受应变速率影响明显，室温下不同应变速率的孪晶如图 2-21 所示。随着应变速率的提高，孪晶数量减少，孪生对位错运动的协调作用减弱，位错密度对应变强化作用减弱，应变硬化指数稍有下降。另外，镁合金的位错运动速率对应力变化非常敏感，应力稍有提高，位错运动速率便会大幅提高，位错的运动和增殖会使位错相互缠结、钉扎，导致位错密度随应变增加而快速增加，而高密度的位错聚集在一处会产生应力集中，最终产生裂纹。因此，提高应变速率会相应地提高变形所需的应

力,并且使位错过早地聚集在一处致使材料开裂,表现为材料的断裂延伸率降低,塑性下降。

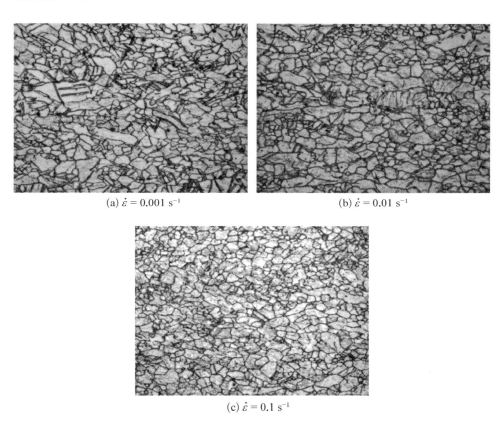

(a) $\dot{\varepsilon}=0.001\ \mathrm{s}^{-1}$　　　　　　　(b) $\dot{\varepsilon}=0.01\ \mathrm{s}^{-1}$

(c) $\dot{\varepsilon}=0.1\ \mathrm{s}^{-1}$

图 2 - 21　AZ31 室温拉伸的孪晶

　　根据室温拉伸的工程应力-应变曲线,按式(2-13)、式(2-14)可计算真实应力 σ 与真实应变 ε 之间的关系:

$$\sigma=s(1+e) \qquad (2-13)$$

$$\varepsilon=\ln(1+e) \qquad (2-14)$$

　　如图 2 - 22 所示,室温拉伸时流动应力随拉伸速度的增大而增大。当拉伸速度由 1.5 mm/min 增大到

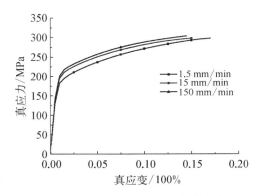

图 2 - 22　AZ31 镁合金室温拉伸真实应力-应变曲线

15 mm/min 时,流动应力增大明显,而拉伸速度由 15 mm/min 增大到 150 mm/min 时,流动应力有微小增加。这是因为在塑性变形中的位错运动、晶间滑移和转动等需要一定的时间在变形体内完成,并且变形速率越高,单位时间内产生的变形量就越多。当拉伸速率为 150 mm/min 时,由于变形产生的热量来不及扩散而使变形体温度升高,开动了柱面滑移系,因此有利于位错的运动,减小了由形变硬化而引起的流动应力上升量,表现为材料的流动应力并没有显著上升。

2.4.2　AZ31 镁合金的通电等温拉伸实验

为了研究 AZ31 镁合金在通电脉冲作用下的材料力学性能,采取控制单一变量的方式来分别研究温度、峰值电流密度、频率和应变速率的影响。设计通电拉伸实验方案如表 2-7 所示,其中,EP1、EP2、EP3 是相同电参数、拉伸速度、不同温度条件的实验组合;EP2、EP4、EP5 是相同温度、拉伸速度和脉冲频率,不同峰值电流密度的实验组合;EP2、EP6、EP7 是相同温度、拉伸速度和峰值电流密度,不同频率的实验组合;EP2、EP8、EP9 是相同温度和电参数,不同拉伸速度的实验组合。

表 2-7　通电脉冲等温拉伸实验参数

序号	峰值电流密度 /(A/mm²)	频率 /Hz	有效电流密度 /(A/mm²)	拉伸温度 /K	拉伸速度 /(mm/min)
EP1	157.3	240	16.4	373	15
EP2	157.3	240	16.4	423	15
EP3	157.3	240	16.4	473	15
EP4	111.1	240	11.6	423	15
EP5	222.2	240	23.1	423	15
EP6	157.3	120	11.6	423	15
EP7	157.3	480	23.1	423	15
EP8	157.3	240	16.4	423	1.5
EP9	157.3	240	16.4	423	150

实验所得到的通电条件下的工程应力-应变曲线如图 2-23 所示。

AZ31 镁合金通电脉冲在不同温度下材料的力学性能参数见表 2-8。

从表 2-8 中可以看出,相比于室温拉伸而言,通电后材料的屈服强度和抗拉强度下降明显,断面收缩率和断裂延伸率显著增大,材料的变形抗力下降,塑性有明显提升。屈强比随温度升高而增大,应变硬化指数随温度升高呈现下降的趋势,所以,当温度升高时,材料发生均匀变形的能力下降了,容易出现因局部变形剧烈而破裂。

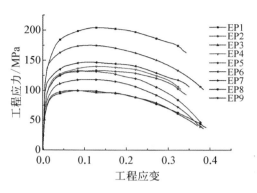

图 2-23　通电条件下的工程应力-应变曲线

表 2-8　AZ31 镁合金通电脉冲在不同温度下的材料力学性能参数

序号	温度 /K	屈服强度 $\sigma_{0.2}$/MPa	抗拉强度 σ_b/MPa	屈强比 $\sigma_{0.2}/\sigma_b$	断面收缩率 ψ/%	断裂延伸率 δ/%	硬化指数 n
EP1	373	125	240	0.52	42	32	0.192
EP2	423	92	165	0.55	68	34	0.174
EP3	473	71	111	0.63	75	37	0.14

AZ31 镁合金通电拉伸时在不同应变速率下的真实应力-应变关系曲线如图 2-24 所示。材料的流动应力随应变速率的增大而增大,断裂延伸率随应变速率的增大没有明显变化。通电拉伸时应变速率对流动应力的影响比较显著,而对材料塑性的影响较小。

2.4.3　AZ31 镁合金不通电等温拉伸实验

AZ31 镁合金在应变速率为 $0.01\ \mathrm{s}^{-1}$ 时不同温度下的力学性能参数如表 2-9 所示。材料的屈服强度、抗拉强度、屈强比、应变硬化指数随温度升高而减小,断面收缩率和断裂延伸率随温度升高而显著增大,提高温度能明显改善材料的塑性变形能力。

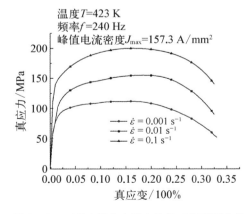

图 2-24　AZ31 镁合金通电拉伸时在不同应变速率下的真实应力-应变关系曲线

表 2-9　AZ31 镁合金不通电等温拉伸力学性能参数

温度 /K	屈服强度 $\sigma_{0.2}$/MPa	抗拉强度 σ_b/MPa	屈强比 $\sigma_{0.2}/\sigma_b$	断面收缩率 ψ/%	断裂延伸率 δ/%	硬化指数 n
373	155	271	0.57	43	32	0.190
423	125	202	0.62	69	48	0.175
473	85	129	0.65	76	56	0.142

图 2-25 是当应变速率为 $0.01~\text{s}^{-1}$ 时不同温度下的不通电温热拉伸的真实应力-应变曲线。从图 2-25 中可以看出,随着温度的升高,AZ31 镁合金的流动应力明显降低了,断裂延伸率随着温度升高明显提高。研究表明[3]:镁合金在热变形时塑性明显提高是多种变形机制共同作用的结果,在平均晶粒尺寸为 $50~\mu\text{m}$ 以上的大晶粒中,变形机制以滑移和孪生为主,孪生容易发生在不利于滑移的晶粒中促进塑性变形。而在 $5 \sim 20~\mu\text{m}$ 的小晶粒中,晶界滑动机制发挥了重要作用,它可以协调大尺寸晶粒的变形,提高镁合金的塑性变形能力。本实验所用 AZ31 镁合金平均晶粒尺寸小于 $20~\mu\text{m}$,提高温度有利于多晶体材料进行晶间变形,可以显著提高材料塑性。

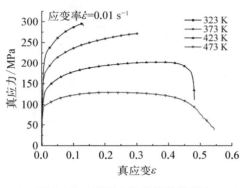

图 2-25　不通电温热拉伸的真实
应力-应变曲线

不同条件下的 AZ31 镁合金不通电等温拉伸应力-应变曲线如图 2-26 所示。从图 2-26 中可以看出,在相同温度下随着应变速率的增大,材料的流动应力也增大,并且温度越高,不同应变速率拉伸时的流动应力的梯度也越大,材料的流动应力对应变速率越敏感。温度升高后,在不同应变速率下的断裂延伸率也有较大差异,应变速率对材料塑性的影响变的显著。在 $T = 323~\text{K}$ 时,低应变速率对塑性没有明显影响,而高应变速率下的温度效应使塑性有微小提高。在 $373 \sim 473~\text{K}$ 的温度区间内,断裂延伸率都随温度的升高而增大,随应变速率的增大而减小,且在温度为 $423~\text{K}$ 左右时应变速率对塑性的影响较大。

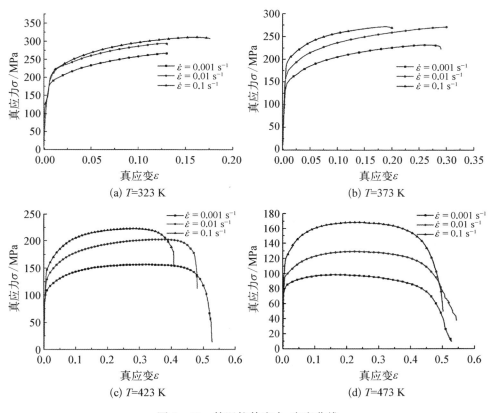

图 2 - 26　等温拉伸应力-应变曲线

2.4.4　实验结果分析

2.4.4.1　纯电塑性效应分析

AZ31 镁合金在相同应变速率($\dot{\varepsilon} = 0.01\ \mathrm{s}^{-1}$)下的通电脉冲与不通电脉冲等温拉伸的力学性能如图 2 - 27 所示。随着温度的升高,材料的屈服强度和抗拉强度降低,屈强比增大,应变硬化指数减小,断裂延伸率和断面收缩率均增大。在相同温度下,通电脉冲时材料的屈服强度、抗拉强度、屈强比、应变硬化指数、断裂延伸率和断面收缩率均低于不通电的,通电脉冲后材料的变形抗力显著下降,塑性稍有下降,但塑性成形性能总体上得到提高。

AZ31 镁合金在相同条件下通电脉冲与不通电脉冲的真实应力-应变曲线如图 2 - 28 所示。通电脉冲后流动应力明显下降,说明除去温度的热软化作用减小了流动应力外,脉冲电流也明显地降低了流动应力。由于通电拉伸时

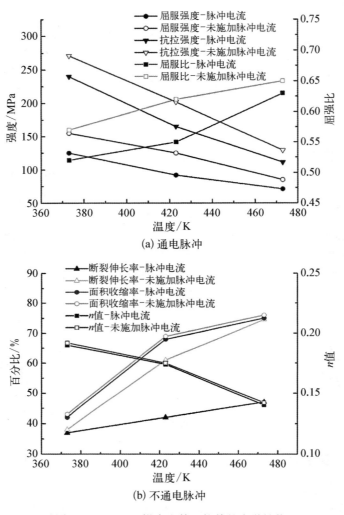

图 2-27 AZ31 镁合金等温拉伸的力学性能

微小颈缩部位的电流密度较高,单位时间内产生的热量多,因此局部温度相对于标距内的其他部位要高,试样更容易因标距内温度分布不均匀而在此部位发生明显颈缩。电流增加了试样对微小颈缩的敏感性,即使是非常微小的分散性失稳也会因电流作用而转变为集中失稳,从而加速颈缩,因而通电等温拉伸的断裂延伸率和断面收缩率低于不通电等温拉伸。对比分析可知,通电脉冲可以显著降低 AZ31 镁合金的流动应力,其存在明显的纯电塑性效应。金属塑性变形的微观机理表明[4]:塑性变形的实质是位错的运动和增殖,随着

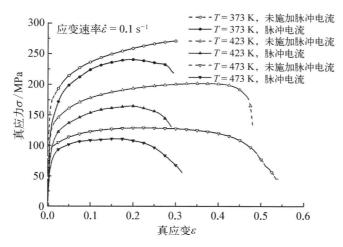

图 2 - 28　AZ31 镁合金在相同条件下通电脉冲与不通电脉冲的
真实应力-应变曲线

变形量的增大,内部位错密度增大,位错缠结加剧,位错运动受到晶胞亚结构和晶界的阻碍而塞积,使材料继续发生变形所需的力增大。而引入脉冲电流能减轻位错缠结,有助于位错越过缺陷和晶界,促进了位错的运动,从而降低了位错密度,减小了变形抗力;并且通电脉冲降低了位错滑移所需的激活能,会有新的滑移系开动,有助于进行交滑移,因而能够极大地降低塑性变形抗力。

　　图 2 - 29(a)是 AZ31 镁合金通电拉伸时不同峰值电流密度的应力-应变关系曲线。可以看出,峰值电流密度降低流动应力的作用随应变的增大而愈加显著,当变形程度较小时,增大峰值电流密度对降低 AZ31 镁合金流动应力的作用微弱,随着变形程度的增大,流动应力的减小量随峰值电流密度增大而显著提高;试样的断裂延伸率随电流密度的增大而增大。因此,提高峰值电流密度降低了 AZ31 镁合金的变形抗力,提高了塑性。

　　图 2 - 29(b)是 AZ31 镁合金通电拉伸时不同脉冲频率的应力-应变关系曲线。可以看出,流动应力随着频率的增大而显著减小,并且频率降低流动应力的效果并没有随应变的增大而发生明显变化;试样断裂延伸率随频率增大也稍有增大。因此,增大脉冲频率也降低了材料的变形抗力,提高了塑性。提高脉冲的峰值电流密度和频率,均可以改善材料的塑性成形性能,这进一步证明了 AZ31 镁合金存在明显的纯电塑性效应。

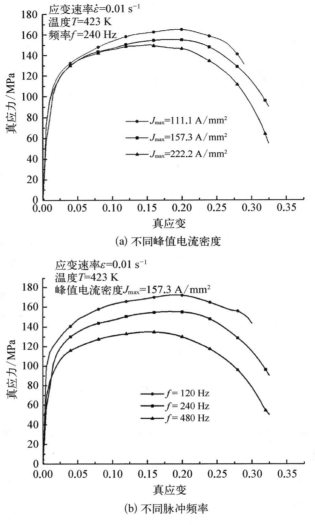

图 2-29　在不同情况下 AZ31 镁合金通电拉伸的应力-应变曲线

2.4.4.2　微观分析

AZ31 镁合金在不同温度下不通电与通电等温拉伸断口附近的微观组织如图 2-30 所示。如图 2-30(a)和(d)所示，当 $T=373\text{ K}$ 时，晶粒明显被拉长，没有发生动态再结晶，通电拉伸的晶粒畸变程度要高于不通电的。如图 2-30(b)和(e)所示，当温度升高到 $T=423\text{ K}$ 时，晶粒变形剧烈，局部晶界处开始发生动态再结晶，这与材料断裂延伸率和断面收缩率增大、流动应力降低相符合，材料塑性成形性能得到提高。如图 2 - 30(c)和(f)所示,当 $T=473\text{ K}$ 时,晶粒畸变程度不大,动态再结晶现象已非常明显,材料塑性显著提高,流动应力大幅降低。在相同温度下通电脉冲并没有显著提高动态再结晶程度。

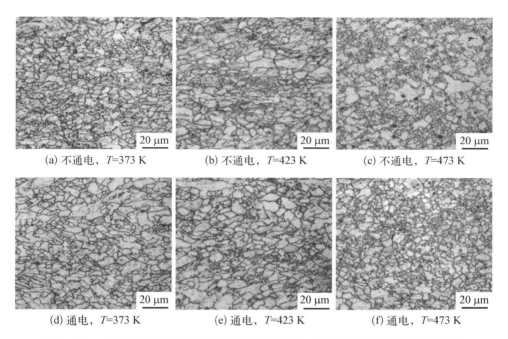

(a) 不通电,T=373 K　　　(b) 不通电,T=423 K　　　(c) 不通电,T=473 K

(d) 通电,T=373 K　　　(e) 通电,T=423 K　　　(f) 通电,T=473 K

图 2 - 30　AZ31 镁合金在不同温度下不通电与通电等温拉伸断口附近的微观组织

2.4.5　镁合金电塑性流动应力模型

Fields-Backofen 公式是适用于大多数金属的流动应力模型,可以描述为公式:

$$\sigma = K \cdot \varepsilon^n \cdot \dot{\varepsilon}^m \tag{2-15}$$

式(2-15)只考虑应变速率和温度对流动应力的影响,在材料发生软化后,公式的准确度也大大降低。根据 Bunget[5] 等的研究,电塑性加工中的电能分为有助于变形的能量和转化为焦耳热的两部分,其中焦耳热的这一部分电能会导致材料的软化。为了引入通电电压和通电频率对流动应力的影响,现对式(2-15)进行修正。修正后公式为:

$$\sigma = K \cdot \varepsilon^n \cdot \dot{\varepsilon}^m \cdot \exp(a \cdot T + b \cdot U + c \cdot F) \tag{2-16}$$

式中:K 是强度系数;n 是应变硬化指数;m 是应变速率敏感系数;T 是变形温度,单位是 K;U 是通电电压,单位是 V;F 是通电频率,单位是 Hz;a、b、c 是材料相关系数。

在不同拉伸速度、通电电压、通电频率、变形温度下应力-应变关系图如图 2-31、图 2-32、图 2-33、图 2-34 所示。可以看出,流动应力受到应变速率、通电电压、脉冲频率和变形温度的影响。

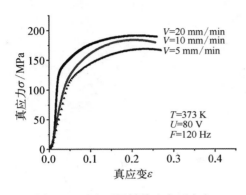

图 2-31 在不同拉伸速度下应力-应变关系图

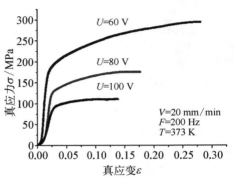

图 2-32 在不同通电电压下应力-应变关系图

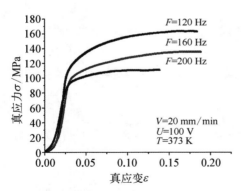

图 2-33 在不同通电频率下应力-应变关系图

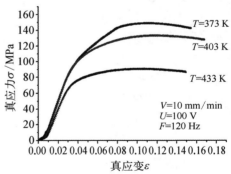

图 2-34 在不同变形温度下应力-应变关系图

式(2-16)中的参数可以通过试验得出。由式(2-16)推出:

$$\ln\sigma = \ln K + n \cdot \ln\varepsilon + m \cdot \ln\dot\varepsilon + a \cdot T + b \cdot U + c \cdot F \quad (2-17)$$

2.4.5.1 计算 n 值

在同一组试验参数下,即当应变速率、温度、通电电压和通电频率确定时,若把 $\ln K + m \cdot \ln\dot\varepsilon + a \cdot T + b \cdot U + c \cdot F$ 看作常量 K_1,则可从式(2-17)得出:

$$\ln \sigma = n \cdot \ln \varepsilon + K_1 \qquad (2-18)$$

从而得出 $n = \mathrm{d}\ln \sigma / \mathrm{d}\ln \varepsilon$。若忽略 $\varepsilon < 0.05$ 的低应变范围和颈缩后的高应变范围,则在不同参数条件下应力-应变的双对数曲线如图 2-35 所示。对于 $\ln \varepsilon$,曲线在 $-3.5 \sim -2.0$ 范围内趋向平稳,曲线斜率趋向于平稳;在 $0.15 \sim 0.23$ 范围内,n 取平均值 0.19。

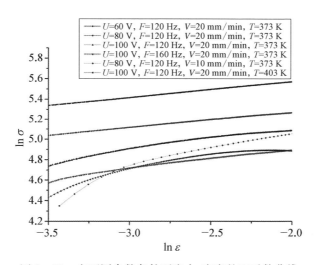

图 2-35　在不同参数条件下应力-应变的双对数曲线

2.4.5.2　计算 m 值

在同一组试验参数下,即当温度、通电电压和通电频率确定时,若把 $\ln K + n \cdot \ln \varepsilon + a \cdot T + b \cdot U + c \cdot F$ 看作常量 K_2,则可从式(2-17)得出:

$$\ln \sigma = m \cdot \ln \dot{\varepsilon} + K_2 \qquad (2-19)$$

从而得出 $m = \mathrm{d}\ln \sigma / \mathrm{d}\ln \dot{\varepsilon}$。当 $U = 80\,\mathrm{V}, F = 120\,\mathrm{Hz}, T = 373\,\mathrm{K}$ 时,可以通过应力与应变速率的双对数曲线(见图 2-36)求出 m 值。从图 2-36 可以看出,m 的取值趋向平稳,取平均值 $m = 0.145$。

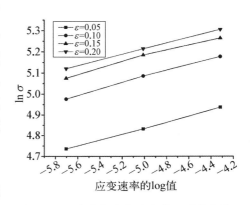

图 2-36　应力与应变速率的双对数曲线

2.4.5.3　计算 a 值

在同一组试验参数下,即当应变速率、通电电压和通电频率确定时,若把

$\ln K + n \cdot \ln \varepsilon + m \cdot \ln \dot{\varepsilon} + b \cdot U + c \cdot F$ 看作常量 K_3，则可从式（2-17）得出：

$$\ln \sigma = a \cdot T + K_3 \qquad\qquad (2-20)$$

从而得出 $a = \mathrm{d}\ln \sigma / \mathrm{d}T$。当 $U = 100 \text{ V}$，$F = 120 \text{ Hz}$，$\dot{\varepsilon} = \dfrac{1}{150} \text{ s}^{-1}$ 时，可以通过应力与温度的双对数曲线（见图 2-37）求出 a 值。从图 2-37 可以看出，a 的取值趋向平稳，取平均值 $a = -0.003\,6$。

2.4.5.4　计算 b 值

在同一组试验参数下，即当应变速率、温度和通电频率确定时，若把 $\ln K + n \cdot \ln \varepsilon + m \cdot \ln \dot{\varepsilon} + a \cdot T + c \cdot F$ 看作常量 K_4，则可从式（2-17）的得出：

$$\ln \sigma = b \cdot U + K_4 \qquad\qquad (2-21)$$

从而得出 $b = \mathrm{d}\ln \sigma / \mathrm{d}U$。当 $T = 373 \text{ K}$，$F = 120 \text{ Hz}$，$\dot{\varepsilon} = \dfrac{1}{75} \text{ s}^{-1}$ 时，可以通过应力与通电电压的曲线（见图 2-38）求出 b 值。从图 2-38 可以看出，b 的取值趋向平稳，取平均值 $b = -0.012$。

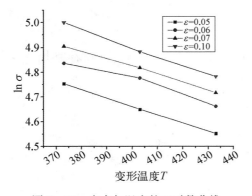

图 2-37　应力与温度的双对数曲线

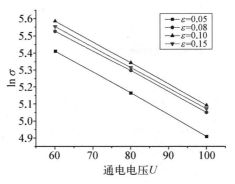

图 2-38　应力与通电电压的曲线

2.4.5.5　计算 c 值

在同一组试验参数下，即当应变速率、温度和通电电压确定时，若把 $\ln K + n \cdot \ln \varepsilon + m \cdot \ln \dot{\varepsilon} + a \cdot T + b \cdot U$ 看作常量 K_5，则可从式（2-17）的得出：

$$\ln \sigma = c \cdot F + K_5 \qquad\qquad (2-22)$$

从而得出 $c = \mathrm{d}\ln \sigma / \mathrm{d}F$。当 $T = 373\,\mathrm{K}$，$U = 100\,\mathrm{V}$，$\dot{\varepsilon} = \dfrac{1}{75}\,\mathrm{s}^{-1}$ 时，可以通过应力与通电频率的曲线（见图 2-39）求出 c 值。从图 2-39 可以看出，c 的取值趋向平稳，取平均值 $c = -0.004$。

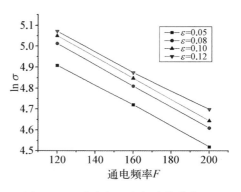

图 2-39　应力与通电频率的曲线

2.4.5.6　计算 K 值

当 n、m、a、b、c 求得后，根据式（2-16）可以计算出 K 值，$K = 8\,600$。由此可以得出修正后的 AZ31 镁合金的电塑性流动应力模型：

$$\sigma = 8\,600 \cdot \varepsilon^{0.19} \cdot \dot{\varepsilon}^{0.145} \cdot \exp(-0.003\,6 \cdot T - 0.012 \cdot U - 0.004 \cdot F)$$

$$(2-23)$$

2.4.6　流动应力模型的验证

根据试验设计，在进行电塑性单向拉伸试验前，需要根据每组电参数将试件升温到指定温度，忽略 $\varepsilon < 0.05$ 的低应变范围和颈缩后的高应变范围。如图 2-40、图 2-41、图 2-42、图 2-43 所示，为在不同参数下，实验曲线和根据流动应力模型绘制的曲线的比较图。可以看出式（2-23）在变形温度 T 在 $373 \sim 433\,\mathrm{K}$，应变速率 $\dot{\varepsilon}$ 在 $1/300 \sim 1/75\,\mathrm{s}^{-1}$，通电电压 U 在 $60 \sim 100\,\mathrm{V}$，通电频率 F 在 $120 \sim 200\,\mathrm{Hz}$ 能较好地反映 AZ31 镁合金电塑性加工下流动应力的变化规律。

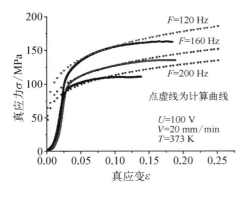

图 2-40　不同频率的实验曲线与
　　　　　计算曲线比较图

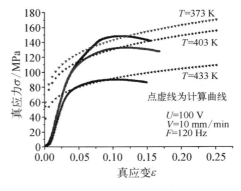

图 2-41　不同变形温度的实验曲线与
　　　　　计算曲线比较图

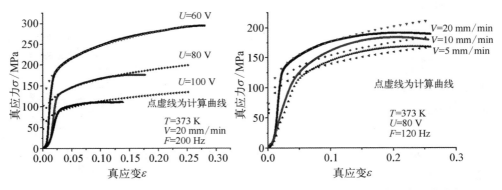

图 2-42　不同通电电压的实验曲线与
　　　　　计算曲线比较图

图 2-43　不同拉伸速度的实验曲线与
　　　　　计算曲线比较图

2.5　AZ31B 镁合金

2.5.1　实验材料

实验用材料为连铸连轧工艺生产的商用镁合金 AZ31B,厚度为 1.5 mm。材料化学元素成分如表 2-10 所示。

表 2-10　AZ31B 镁合金的化学成分

元素成分	Al	Zn	Mn	Fe	Si	Cu	Ni	Mg
质量分数/%	2.75	0.64	0.27	0.002 3	0.018	0.001 6	0.000 55	余量

材料的原始微观组织如图 2-44 所示。平均晶粒尺寸为 4.6 μm。

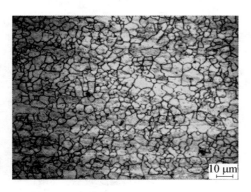

图 2-44　原始微观组织

单向拉伸试样采用线切割加工,标距为 25 mm,试样尺寸如图 2-45 所示(图中尺寸单位是 mm)。其中,长度方向(220 mm)为轧制方向;试样上直径为 10 mm 的两个孔是配合在热拉伸实验机上的装夹孔。

2.5.2　实验安排

影响拉伸实验曲线的因素主要有四个:应变速率($\dot{\varepsilon}$)、实验温度(T)、峰

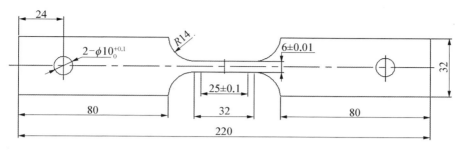

图 2-45　单向拉伸试样尺寸

值电流密度(J_p)和脉冲频率(f)。脉冲等温单向拉伸实验(electrically assisted isothermal tensile test，EAITT)安排如表 2-11 所示。本实验对所有实验参数排列组合，进行完全实验(以下同)。

表 2-11　通电单向拉伸实验安排

$\dot{\varepsilon}$ /s^{-1}	T/℃	J_p/(A/mm^2)	f/Hz
0.001	100	222.2	120
0.01	150	157.3	240
0.1	200	111.1	480

在实验过程中，采用红外热像仪对试样表面进行温度监控，并用风扇控制温度。当采用红外测温时，物体表面的发射率对测温的准确性影响极大。采用校准试样表面发射率的方法可以对试样表面发射率进行标定。在该方法中，首先对试样通以脉冲电流，同时用热电偶(thermal couple，TC)和红外热像仪对试样的同一位置进行测温，假定热电偶测温准确，调整发射率的数值，使二者测温数值一致。但在实际操作中，由于实验温度的变化，因此经常出现调整好的发射率无法准确匹配热电偶上的温度数值的情况。为了克服测温不准的困难，本书中所有的施加脉冲电流的在实验中试样的测温表面均用耐高温(800℃)的黑漆均匀喷涂。喷黑后的表面发射率为1，并且认为在整个实验过程中始终保持不变。

为了研究脉冲电流的是否具有非热效应(athermal effect)，开展无电等温单向拉伸实验(isothermal tensile test，ITT)。在实验中，保持通电脉冲拉伸与等温无电拉伸的温度加载速率基本一致。无电等温拉伸的实验参数与表 2-11 中 $\dot{\varepsilon}$ 和 T 数值一致。为保证实验数据的可靠性，所有相同参数下的实验均重复三次。

2.5.3　直流脉冲电源

本章中使用的脉冲电源是由清华大学设计并由黑龙江虹桥金属制品有限公司生产,其主要参数如表 2-12 所示。

表 2-12　直流脉冲电源参数

型　号	额定功率 /KVA	输入电压 /V	额定电流 /A	输出频率 /Hz	输出电压 /V	最大峰值电流密度/A	脉冲宽度 /μs
THDM-I	15	380	60	100~1 000	30~140	5 000	60

输出脉冲波形示意图如图 2-46 所示,输出波形放大后类似于正弦半波。这种波形在一个脉宽内有一定的坡度,与普通方波相比,这种坡度一方面可以提高漂流电子对位错的冲击力,另一方面还可以降低脉冲电流的热效应。在图 2-46 中,I_p 为示波器测得的峰值电流,T_1 为脉冲宽度,本文中 $T_1 = 60$ μs,T 为脉冲周期,可通过调节脉冲频率变化。

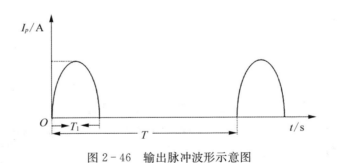

图 2-46　输出脉冲波形示意图

2.5.4　脉冲电流引起的温度场数值模拟

当脉冲电流流经材料时,由于材料电阻的存在,因此材料的温度会上升。如果脉冲电流在材料横截面内产生的温度场是均匀的,则可认为由红外热像仪测量的试样表面温度即代表了试样内部的温度。在此前提下,若脉冲单向拉伸曲线和等温无电拉伸的实验曲线存在差别,则说明存在纯电塑性。否则,如果试样横截面内存在温度梯度,则二者曲线的差别很大可能是由于材料芯部温度高于表面温度的温度差引起的,即脉冲电流的热效应。由于材料芯部的温度很难直接测得,因此有必要借助有限元技术来模拟脉冲电流产生的温度场,通过分析确定材料横截面内温度场是否为均匀温度场。

本书借助 ABAQUS 软件,利用热-电-结构三场耦合的算法对脉冲电流产生的温度场进行数值模拟。在模拟中,试样采用形状较为简单的无孔试样,试样标距在 100℃ 条件下、应变速率为 $0.01\ \mathrm{s}^{-1}$ 时被拉长至应变为 0.01、材料密度为 $1.78 \times 10^{-6}\ \mathrm{kg/mm^3}$、热导率为 $0.101\ \mathrm{W/(mm \cdot ℃)}$、电导率为 9 709 S/mm、比热为 1 130 J/(kg・℃)、焦耳热分数为 1、杨氏模量为 $4.18 \times 10^{10}\ \mathrm{Pa}$、泊松比为 0.33,塑性应力-应变关系数值由相同实验条件下通电脉冲拉伸所得实验曲线数据导入。在实验中峰值电流密度为 $J_p = 108.4\ \mathrm{A/mm^2}$,若脉冲电源的单个脉冲宽度为 60 μs,脉冲频率为 120 Hz,则有效电流密度可由下式计算:

$$J_{\mathrm{eff}} = \frac{J_p}{\sqrt{2}} \cdot \sqrt{\frac{T_1}{T}} \qquad\qquad (2-24)$$

式中:T_1 是脉冲宽度;T 是脉冲周期;$J_p = \dfrac{I_p \cdot 800}{A}$;$A$ 是试样标距的横截面积;$T = \dfrac{1}{f}$,f 是脉冲频率。将各参数代入式(2-24)可得有效脉冲电流密度为 $6.5\ \mathrm{A/mm^2}$。试样初始温度为 25℃,热传导系数为 $6.3 \times 10^{-5}\ \mathrm{W/(mm^2 \cdot ℃)}$,采用 ABAQUS 的 8 节点砖块单元(Q3D8H),整个过程历时 40 s。红外热像仪测得的试样表面温度和数值模拟的结果如图 2-47 所示。

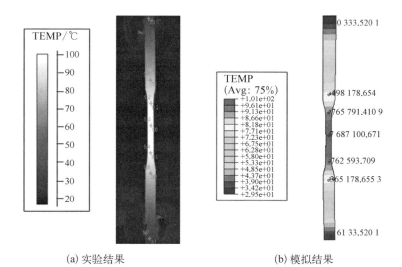

(a) 实验结果　　　　　　　　(b) 模拟结果

图 2-47　温度场数值模拟

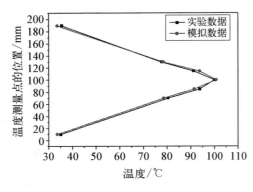

图 2-48　模拟值与实验值对比

为了比较数值模拟结果与红外热像仪的测温结果，测温时在试样上取7个测量点（selected point，SP），它们的温度分别为 77.73℃、91.25℃、100.07℃、93.76℃、80.46℃、35.02℃和 35.50℃，如图 2-47(a)所示。模拟中在同样的位置也取7个点，如图 2-47(b)所示。7个点温度的模拟结果与测量结果如图 2-48 所示。

从图 2-48 可知，试样相同位置的模拟温度与测量温度吻合较好。这表明，模拟中选取的各参量是合理的。在此前提下，在试样标距内选取任一截面，查看截面内的温度分布，结果如图 2-49 所示。为了研究试样厚度方向是否存在温度梯度，沿试样厚度方向分为 12 层，层间距为 0.125 mm，在每层的几何中心选取一个节点，共 13 个点，如图 2-49(a)所示。这 13 个点的位置与模拟温度的关系如图 2-49(b)所示。从图 2-49(b)可知，模拟温度与点的位置呈高斯分布，中间点的温度最高（100.854℃），试样表面的温度最低（100.839℃）。中间温度与表面温度的差值为 0.016℃，近似可以忽略厚向的温度梯度，认为脉冲电流产生的温度场沿厚向是均匀的，即用红外热像仪测量的试样表面温度就是材料的实际温度。

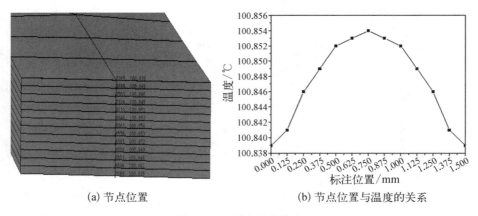

(a) 节点位置　　　　　　　(b) 节点位置与温度的关系

图 2-49　厚向温度分布

2.5.5 真实应力-应变曲线

图 2-50 选取了部分 AZ31B 镁合金单向拉伸的真实应力-应变曲线。

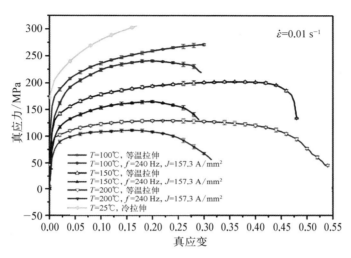

图 2-50 AZ31B 镁合金单向拉伸的真实应力-应变曲线

从图 2-50 可知,与室温(25℃)情况相比,在 100℃条件下通电拉伸与等温无电拉伸的真实应力-应变曲线均比室温低。这表明,在同一应变速率下,温度是影响流动应力的主要因素,温度越高,流动应力越小。值得注意的是,一方面,在实验温度、应变速率都相同的条件下,脉冲电流作用下的真实应力-应变曲线比等温无电情况下低。这表明,脉冲电流除了产生热效应以外,还产生了非热效应,这种非热效应就是所谓的纯电塑性。一般认为,脉冲电流产生的漂流电子会对材料内部位错产生推动作用,帮助位错克服障碍,降低位错运动阻力,从而降低流动应力。Molotskii 等认为阻碍位错运动的钉扎中心是顺磁性相,脉冲电流产生的感应磁场对脱钉速率产生促进作用。

另一方面,材料的断裂延伸率随着温度的升高也有所提高。然而,对比同温度下通电脉冲拉伸与等温无电拉伸的断裂延伸率可知,脉冲电流会导致材料提前断裂。这主要是因为,在单向拉伸实验过程中,随着拉伸的进行,材料会出现颈缩现象。在脉冲电流的作用下,颈缩部位的温度急剧升高,导致材料开始熔化,进而提前断裂。

2.5.5.1 微观组织演化

为了进一步研究脉冲电流的作用机理,使用 ZEISS 光学显微镜对 AZ31B 单向拉伸断口附近的微观组织进行观察（腐蚀剂配方：2 g 苦味酸，35 mL 乙醇，5 mL 水，5 mL 乙酸），结果如图 2 – 51 所示。

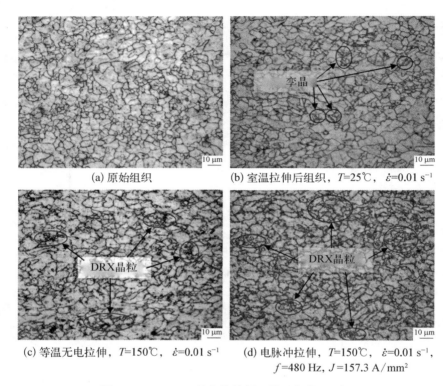

(a) 原始组织   (b) 室温拉伸后组织，T=25℃，$\dot{\varepsilon}$=0.01 s^{-1}

(c) 等温无电拉伸，T=150℃，$\dot{\varepsilon}$=0.01 s^{-1} (d) 电脉冲拉伸，T=150℃，$\dot{\varepsilon}$=0.01 s^{-1}，
f=480 Hz，J=157.3 A/mm^2

图 2 – 51   AZ31B 单向拉伸断口附近的微观组织

与图 2 – 51(a)所示的原始组织相比，图 2 – 51(b)所示的室温无电拉伸出现了孪晶晶粒，这表明孪晶是常温拉伸时主要的变形机制。当温度升高到 150℃时，沿晶界处出现了少量的动态再结晶（dynamic recrystallization，DRX）晶粒，导致材料软化，如图 2 – 51(c)所示。相同温度、通电情况下，材料断口附近出现了较多的 DRX 晶粒，如图 2 – 51(d)所示，由此推测，脉冲电流可以提高再结晶的形核率，形成更多的再结晶晶粒，从而表现为流动应力的下降。与传统认为的镁合金再结晶温度 200℃、甚至是 300℃相比，在脉冲电流的作用下，镁合金在 150℃就发生了 DRX。在脉冲电流引起的 DRX 方面，研究了通电脉冲的轧制成形工艺，指出与传统的热轧制相比，通电脉冲轧制时 DRX 可以在较低的温度下发生。

2.5.5.2   考虑脉冲影响的流动应力模型

为了能够更好地描述脉冲作用下材料的流动行为，有必要建立考虑脉冲影响的材料流动应力模型。本书将选择一种具有普适性的、考虑因素比较全面的模型,并将通电脉冲参数引入此模型,来描述材料在脉冲作用下的流动行为。在 Johnson – Cook[6] 模型中考虑了应变、应变速率以及温度的影响,在金属塑性成形中使用广泛,是经典的流动应力模型之一。但该模型仅适用于一般的热成形,无法描述脉冲电流的作用。本书从脉冲电流有效值的角度对该公式进行修正,即认为加在试样上脉冲电流有效值越多,其流动应力越小。由于脉冲波形类似正弦半波,因此脉冲电流的有效值可由下式计算:

$$I_{eff} = \sqrt{\frac{1}{T}\int_0^{T_1} I_p{}^2 \sin^2 \frac{\pi}{T_1} t \, \mathrm{d}t} = \frac{I_p}{\sqrt{2}}\sqrt{\frac{T_1}{T}} \qquad (2-25)$$

式中:I_p、T 及 T_1 与图 2 – 4 中含义相同。

$$I_p = J_p \cdot A \qquad (2-26)$$

式中:J_P 是峰值电流密度;A 是试样标距的横截面积。

将式(2 – 26)及 $T = \dfrac{1}{f}$ 代入式(2 – 25)可得:

$$I_{eff} = \frac{J_p \cdot A}{\sqrt{2}} \cdot \sqrt{f \cdot T_1} = \frac{A\sqrt{T_1}}{\sqrt{2}} \cdot J_p \cdot \sqrt{f} \qquad (2-27)$$

式中:$\dfrac{A\sqrt{T_1}}{\sqrt{2}}$ 可看成是常数。

从式(2 – 27)可以看出脉冲电流的有效值 I_{eff} 与 $J_p \cdot \sqrt{f}$ 成正比。故为引入脉冲电流对流动应力的影响,将经典的 Johnson – Cook 流动应力模型修正为:

$$\sigma = (A + B \cdot \varepsilon^n) \cdot \left[1 + C \cdot \ln\left(\frac{\dot{\varepsilon}}{\dot{\varepsilon}_0}\right)\right] \cdot \left[1 - \left(\frac{T - T_r}{T_m - T_r}\right)^m\right] \cdot \exp(D \cdot J_p \cdot \sqrt{f})$$

$$(2-28)$$

式中:$\exp(D \cdot J_p \cdot \sqrt{f})$ 体现了脉冲电流的作用;D 是材料常数;J_p 是峰值电流密度;f 是脉冲频率;A、B、C、n、m 是模型参数;$\dot{\varepsilon}_0$ 是参考应变速率;$\dfrac{T - T_r}{T_m - T_r}$ 是无量纲温度;T_r 是室温;T_m 是软化温度,AZ31B 镁合金的 $T_m = 650℃$。

在室温、不通脉冲电流的情况下,取 $\dot{\varepsilon} = \dot{\varepsilon}_0 = 0.001\ \mathrm{s}^{-1}$,式(2 – 28)可简化为:

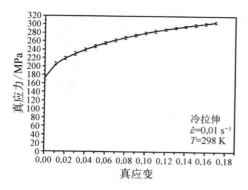

图 2-52　单向拉伸真实应力-应变曲线

$$\sigma = A + B \cdot \varepsilon^n \qquad (2-29)$$

此时单向拉伸真实应力-应变曲线如图 2-52 所示。从图 2-52 可知,当 $\varepsilon = 0$ 时, $A = 173.07$ MPa。

为计算 n 值,可将式(2-29)改写成:

$$\ln(\sigma - A) = \ln B + n\ln \varepsilon \qquad (2-30)$$

$\ln(\sigma - A)$ 与 $\ln \varepsilon$ 的关系曲线如图 2-53 所示。由图可知,二者的关系近似线性,n 为该曲线的斜率,通过线性拟合得 $n = 0.5$。

为计算 B 值,可将式(2-29)改写成:

$$\sigma - A = B\varepsilon^n \qquad (2-31)$$

$(\sigma - A)$ 与 ε^n 的关系曲线如图 2-54 所示。二者的关系近似线性,B 为该曲线的斜率,通过线性拟合得 $B = 326.35$ MPa。

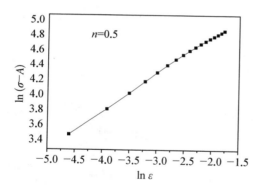

图 2-53　$\ln(\sigma - A)$ 与 $\ln \varepsilon$ 的关系曲线

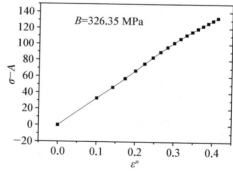

图 2-54　$(\sigma - A)$ 与 ε^n 的关系曲线

利用 MATLAB 中的优化算法对实验曲线进行拟合,使拟合所得函数曲线与实验曲线的误差最小,得到 $C = 0.11, m = 0.41, D = -4.36 \times 10^{-5}$。因此,考虑脉冲电流影响的材料流动应力模型为:

$$\sigma = (173.07 + 326.35 \cdot \varepsilon^{0.5}) \cdot \left[1 + 0.11 \cdot \ln\left(\frac{\dot{\varepsilon}}{\dot{\varepsilon}_0}\right)\right] \cdot \left[1 - \left(\frac{T - T_r}{T_m - T_r}\right)^{0.41}\right] \cdot$$

$$\exp(-4.36 \times 10^{-5} \cdot J_p \cdot \sqrt{f}) \qquad (2-32)$$

需要指出的是,用于式(2-25)~式(2-32)中各参数计算的实验曲线是在一定范围内得到的,即 $100℃\leqslant T\leqslant200℃$,$0.001\ s^{-1}\leqslant\dot\varepsilon\leqslant0.1\ s^{-1}$,$120\ Hz\leqslant f\leqslant480\ Hz$,$111.1\ A/mm^2\leqslant J_p\leqslant222.2\ A/mm^2$。因此,上述流动应力模型应在此范围内用。

为验证上述模型的正确性,在模型适用的参数范围内进行了多组通电脉冲单向拉伸实验。图 2-55 和图 2-56 分别为当改变实验温度和应变速率时检测模型实验曲线和模型预测曲线的比较。从两个图可看出,式(2-32)预测曲线与实验曲线吻合较好。

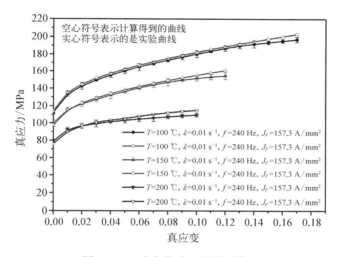

图 2-55　改变实验温度检测模型

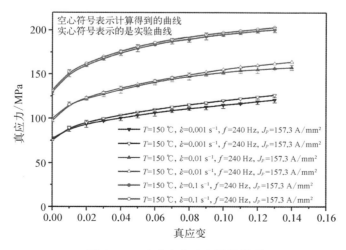

图 2-56　改变应变速率检测模型

图 2-57 和图 2-58 分别为当改变脉冲频率和峰值电流密度时检测模型实验曲线和模型预测曲线的比较。从两个图可看出,式(2-32)预测曲线与实验曲线吻合较好。

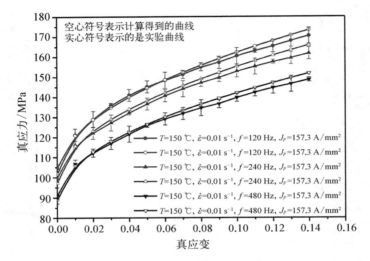

图 2-57　改变脉冲频率检测模型

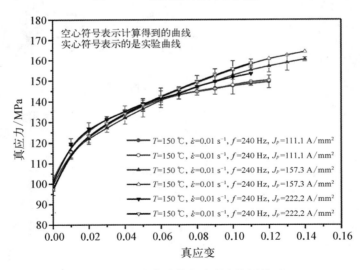

图 2-58　改变峰值电流密度检测模型

从图 2-55~图 2-58 可以看出,随着应变值的增大,模型预测曲线比实验曲线高,并且应变越大,预测曲线与实验曲线差距越大。导致这种误差的主要原因是随着通电脉冲拉伸的进行,即随着应变的增大,拉伸试样发生颈缩,试样标距截面积减小,导致材料该部位温度急剧升高,使材料软化,从而导致流动应力急剧下降。而式(2-32)中并未考虑温度急剧上升导致的流动应力下降,所以在两种情况下的曲线存在差距。

2.6　DP980 高强钢

2.6.1　实验材料

使用的先进高强钢为上海宝钢公司生产的 dual-phase 980(DP980)双相钢。材料化学元素成分如表 2-13 所示。材料厚度为 1.4 mm。

表 2-13　DP980 高强钢的化学成分

元素成分	C	Mn	Si	P	S	Al	Fe
质量分数/%	0.15	2.73	1.56	0.029	0.025	0.033	余量

试样标距为 25 mm,试样长度方向为板材轧制方向。微观组织通过化学试剂(腐蚀剂体积比:2%硝酸、98%乙醇)腐蚀后获得,如图 2-59 所示。材料基体组织为多边形铁素体,岛状马氏体均匀分布在铁素体上,为比较典型的两相组织。

图 2-59　DP980 高强钢微观组织

2.6.2　实验安排

本实验考查的脉冲电流对材料流动行为的影响因素有四个:应变速率 $\dot{\varepsilon}$、实验温度 T、峰值电流密度 J_p 和脉冲频率 f。当 $\dot{\varepsilon}=0.001\ \mathrm{s}^{-1}$,$f=160\ \mathrm{Hz}$ 时,实验安排如表 2-14 所示。

表 2-14　DP980 高强钢单向拉伸试验安排

序号	峰值电流密度 $J_p/(\mathrm{A/mm^2})$	有效电流密度 $I_{\mathrm{eff}}/(\mathrm{A/mm^2})$	实验温度 $T/℃$
1	116	9.52	100
2	137	11.43	200
3	160	13.33	300

（续表）

序号	峰值电流密度 J_p/(A/mm^2)	有效电流密度 I_{eff}/(A/mm^2)	实验温度 T/℃
4	183	15.24	400
5	204	17.14	500
6	226	19.05	600

2.6.3　真实应力-应变曲线

DP980 高强钢单向拉伸真实应力-应变曲线如图 2-60 所示。对于 DP980 高强钢来说，400℃可看作温度对流动应力影响的分界线。当温度低于 400℃ 时，通电脉冲拉伸和等温无电拉伸的流动应力曲线均在室温拉伸曲线上方，说明温度对材料起了强化作用。但在此温度区间内，温度对流动应力的影响并无明显规律。对比通电脉冲拉伸和等温无电拉伸的曲线可知，只有在 100℃时，通电脉冲拉伸的流动应力曲线低于等温无电拉伸的曲线。当实验温度升高到 400℃ 或者更高时，材料的流动应力曲线才会低于室温拉伸曲线，但通电脉冲拉伸曲线仍高于等温拉伸曲线。这与通电脉冲拉伸 AZ31B 镁合金所表现出来的电塑性特点截然不同，温度是导致材料流动应力的下降的主要因素。而 Liu 等[7]在较低的温度下（100℃以内）单向拉伸 TRIP780/800 时发现了纯电塑性效应引起的

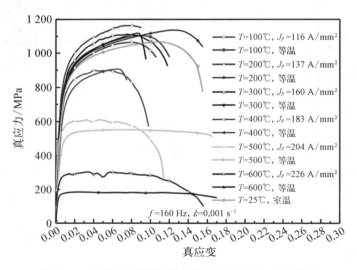

图 2-60　DP980 高强钢单向拉伸真实应力-应变曲线

应力下降。这说明不同材料对电流的反应不同,DP980 高强钢在室温下具有良好的塑性,不适合热成形或通电成形。

2.6.4　塑性指标

为了进一步研究脉冲电流和温度对材料断面收缩率(cross section shrinkage rate,CSSR)和断裂延伸(fracture elongation rate,FER)的影响,作者对在不同温度条件下通电脉冲拉伸、等温无电拉伸的断裂延伸率和材料断面收缩率进行测量并计算,结果如图 2-61 所示。总体上看,在两种实验条件下 CSSR 和 FER 随温度的升高都有先减小后增大的趋势。在 100～400℃范围内,材料的 CSSR 值低于室温值。同时,在等温无电拉伸条件下的 CSSR 曲线存在两个极小值,温度在 500℃以上时,材料 CSSR 急剧上升。而通电脉冲拉伸条件下的 CSSR 曲线仅有一个极小值。FER 的数值在 100～600℃范围内均比室温下的数值低。脉冲引起的 FER 数值变化范围比等温无电情况下小。不同于 CSSR 曲线,两条 FER 曲线仅有一个交点,即在 280℃左右时,通电脉冲拉伸试样和等温拉伸试样具有相同的断裂延伸率。在 300℃以上时,与等温无电拉伸相比,脉冲电流能够延缓材料断裂,提高材料的 FER 值。这主要是因为实验室过程中,在脉冲电流的作用下,尽管通过风扇控制温度上升速率尽可能与等温无电情况温度上升速率一致,但由于 DP980 高强钢电阻很大,材料达到相同的实验温度较等温无电情况所需时间更短,因此材料内部的硬脆相析出较少,导致材料较等温无电拉伸具有相对较高的 FER 数值。总结温度对 CSSR 与 FER 的影响可

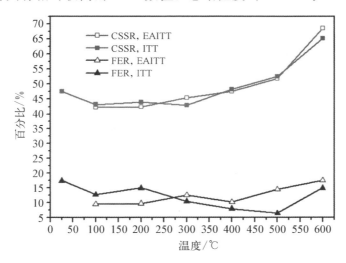

图 2-61　DP980 高强钢断面收缩率和断裂延伸率与温度的关系

知,材料内部硬脆相在相对较低的温度(400℃以下)时析出,导致 CSSR 与 FER 数值下降;而随着温度的上升,如当温度超过 400℃时,伴随着材料析出的硬脆相溶解于基体,CSSR 与 FER 数值开始上升。

2.6.5 力学性能

本节研究两种实验条件对材料力学性能(包括材料的屈服强度、抗拉强度和屈强比)的影响,如图 2-62 所示。由图可知,在 200℃以下时,屈服强度和抗拉强度均随着温度升高而增加;当温度超过 200℃时,两者的数值均随温度的升高而下降。这说明较低的温度(200℃以下)能够使材料强化,而较高的温度(200℃以上)能使材料软化。在两种实验条件下材料的屈服强度曲线几乎重合,而通电脉冲拉伸的抗拉强度稍高于等温无电拉伸所得曲线,表现出一定的纯电塑性。材料的屈强比则是在 300℃以内随着温度的升高而降低;在 300℃以上时,温度越高,则屈强比越高,并且在两种实验条件下的实验曲线差距比较明显:相同温度下,通电脉冲拉伸的屈强高于等温无电拉伸所得数值。这表明,脉冲电流的作用使材料提高了抗变形能力,材料不容易发生塑性变形。这一指标的实验曲线也表现出了纯电塑性。在室温~300℃温度范围内材料的间隙固溶原子(C 原子、N 原子)析出,扩散到位错处阻碍了位错的运动,产生了应变时效脆性,使材料的强度、硬度增大,塑性和韧性下降。在相同温度下,通电后材料的抗拉强度没有显著变化,屈服强度和屈强比明显提高。这可能是由于通电脉冲后运动电子增强了原子的运动能力,有更多溶质原子钉扎位错、阻碍其运动,使得屈服强

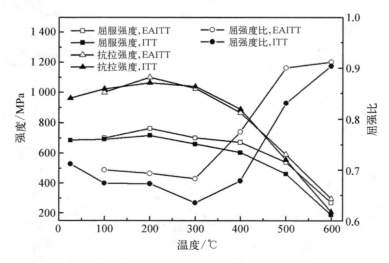

图 2-62　两种实验条件对材料力学性能的影响

度升高,塑性和韧性下降。

2.6.6　电塑性效应研究

不同的材料对电流的反应不同:有些材料能表现电流的纯电塑性效应;也有材料不能表现出电流的纯电塑性效应,仅表现出电流的热效应。对于 TRIP 钢而言,其纯电塑性效应已被确认;而 DP980 高强钢是否表现纯电塑性效应仍需要进一步分析。如果仅从其单向拉伸实验曲线很难看出脉冲电流对材料流动应力下降及延伸率的提高有积极的作用,基本都是热效应在起作用,但力学指标的分析表明,DP980 高强钢具有一定的纯电塑性。为了进一步弄清 DP980 高强钢是否像 TRIP 钢一样表现出纯电塑性,作者开展了在同一实验温度下,仅改变电流脉冲参数的单向拉伸实验。图 2-63 和图 2-64 分别为只改变峰值电流密度和只改变脉冲频率的材料流动应力曲线。

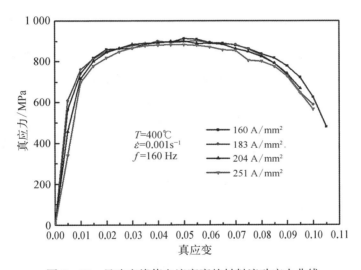

图 2-63　只改变峰值电流密度的材料流动应力曲线

在图 2-63 中,峰值电流密度为 251 A/mm² 所得流动应力曲线较其他低峰值电流密度下所得曲线低,而在较低的三种峰值电流密度条件下的流动应力曲线区别不明显,互有交叉。与图 2-63 中实验曲线相似的是,在图 2-64 中脉冲频率为 480 Hz 所对应的流动应力曲线基本也位于其他较低脉冲频率下所得的三条曲线的下方,同时较低脉冲频率下所得三条曲线也互有交叉。分析结果表明,DP980 高强钢具有纯电塑性。进一步分析实验曲线与实验变量(峰值电流密度和脉冲频率)可知,DP980 高强钢的纯电塑性可能存在阈值(threshold)效应,

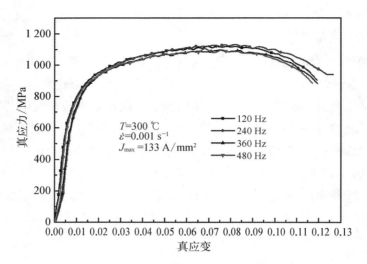

图 2-64　只改变脉冲频率的材料流动应力曲线

即当峰值电流密度或者脉冲频率高于某一值时,才能看到明显的纯电塑性效应。微观组织层面,DP980 高强钢的弱电塑性效应,可能是由于 DP980 高强钢的铁素体内存在大量的可动位错,马氏体内也含有很高的位错密度。变形首先在铁素体内开始,随着塑性变形程度的增加,马氏体开始参与变形。当铁素体与马氏体两相内的可动位错聚集在两相交界处或析出物附近形成高密度位错群时,位错运动严重受阻。而此时,低密度漂流电子对位错的作用力尚未超过位错运动所需阈值,不足以解除位错钉扎和缠结使之继续运动,因此流动应力和延伸率无显著变化。关于脉冲电流的阈值问题尚有待进一步研究。

2.6.7　微观组织分析

为了研究脉冲电流对相变是否有影响,利用扫描电镜(scanning electron microscope, SEM)对断口附近的微观形貌进行观察,结果如图 2-65 所示。由图 2-65 可知,温度为 300℃时,马氏体光滑浮凸表面变得模糊,有碳化物析出,这表明马氏体已经开始发生分解[见图 2-65(a)]。随着温度的升高,马氏体的分解变得明显[见图 2-65(b)],马氏体表面变得坑洼不平,析出的碳化物开始聚集,并呈成颗粒状[见图 2-65(c)]。马氏体的溶解以及升温的软化作用是导致温度超过 300℃之后 DP980 高强钢的强度显著下降的主要原因。此外,在 300℃以上温度范围内,析出的化合物随温度的升高而增多,而通电脉冲拉伸的断裂延伸率高于不通电脉冲时的数值,可能是由于通电脉冲的加热时间短,析出

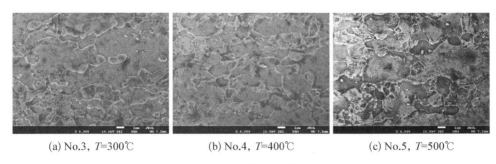

(a) No.3, T=300℃　　　(b) No.4, T=400℃　　　(c) No.5, T=500℃

图 2-65　断口附近的微观形貌

的硬脆相较少,试样发生塑性变形的能力较强。

　　为了探讨温度超过 300℃时通电脉冲拉伸断裂延伸率高于等温无电拉伸的所得断裂延伸率的原因,采用 SEM 对试样断口形貌进行观察(见图 2-66)。由图 2-66 可知,材料在室温拉伸断裂时韧窝尺寸较大、深度较深[见图 2-66(a)]。而在 400℃时,等温无电拉伸断裂时,其断口韧窝尺寸较室温拉伸断口小,且断口上有明显的断裂平台[见图 2-66(b)]。由此推知,400℃拉伸断裂延伸率小于室温拉伸的断裂延伸率。而 400℃通电脉冲拉伸时的断口韧窝尺寸位于室温拉伸和等温无电拉伸断口韧窝尺寸之间[见图 2-66(c)],这表明在此温度下与等温无电拉伸情况相比,脉冲电流能够推迟材料的断裂,获得较大的断裂延伸率。此结果一方面与图 2-61 相呼应,能很好地解释 300℃以上,脉冲对材料断裂延伸率的改善;另一方面说明与等温无电拉伸相比,脉冲电流能使断裂类型由脆性断裂转变为韧性断裂。但总的来说,在室温拉伸条件下材料的断裂延伸率高于通电脉冲拉伸和等温无电拉伸的断裂延伸率。因此,DP980 并不适合热成形或电塑性成形。

(a) 室温拉伸　　　(b) 400℃等温无电拉伸　　　(c) 400℃电脉冲拉伸

图 2-66　断口形貌观察

2.7　其他材料的相关研究成果

2.7.1　H70 黄铜合金[8]

以板厚 0.127mm 的多晶 α 相黄铜合金 H70 为研究对象,其化学元素成分(质量分数/%)为:Cu 68.23,Zn 28.5,Fe 0.05,Pb 0.07,其余 3.15。将黄铜合金板沿轧制方向加工成宽 3.5 mm、标距 6 mm 的拉伸试样。在进行通电脉冲拉伸试验前,试样经过了 500℃保温 2 h 后空冷至室温的去应力退火处理。在电辅助拉伸系统上进行了一系列脉冲电流辅助拉伸试验,研究脉冲持续时间以及脉冲电流产生的温度峰值对材料拉伸性能的影响。在试样拉伸结束后,将其表面先后进行抛光腐蚀,腐蚀液为 25 mL 氨水,25 mL 水和 5 mL 氢氟酸的混合液,并通过光学显微镜观察试样的微观组织。

通过对比实验结果发现,未通电下的试样在拉伸过程中出现典型的加工硬化现象,流变应力随着变形量的增加而不断升高。脉冲电流引起试样应力出现瞬间下降,脉冲间隔阶段试样应力迅速回升。从整体应力-应变曲线可以看出,与未通电拉伸结果相比,脉冲持续时间为 0.75 s 和 1 s 的试样的抗拉强度分别下降了 14.7% 和 25.3%。脉冲持续时间越长,材料抗拉强度越低。

脉冲电流产生的焦耳热引起试样温度上升,表面最高温度随时间变化曲线如图 2-67 所示。脉冲电流引起黄铜温度瞬间上升,脉冲持续时间越长,温度峰值越高。随着拉伸的进行,试样横截面积降低,引起电流密度不断升高,进而使脉冲的温度峰值不断上升,在临近断裂前最后一个脉冲作用下,试样的温度峰值分别为 760℃(1 s)和 740℃(0.75 s)。

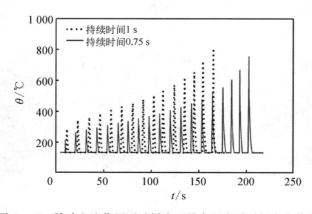

图 2-67　脉冲电流作用下试样表面最高温度随时间变化曲线

脉冲电流产生的温度峰值与试样的应力有明显关联,脉冲持续时间为 0.75 s 的温度和应力随时间变化曲线如图 2 - 68 所示。从图 2 - 68 可以看出,脉冲持续时间内材料温度瞬间上升达到一个峰值,应力出现下降;脉冲间隔期间,温度迅速下降,拉伸的持续进行使材料应力上升至再次屈服和强化阶段。随着峰值温度的不断升高,瞬时应力下降值(即应力回复值)增加。当达到 424℃时,材料的应力回复值达到最大值 211 MPa。随着应变的增加以及温度峰值的持续升高,应力回复值出现下降趋势;温度达到 605℃时,应力回复值从 190 MPa 下降至 112 MPa。可以看出,在拉伸的过程中,脉冲电流产生的温度峰值导致材料的强度下降和应力回复值发生改变。

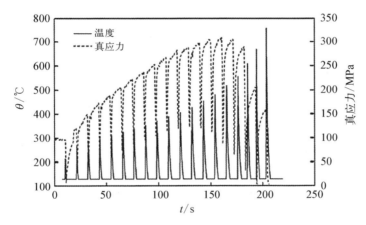

图 2 - 68　脉冲持续时间为 0.75 s 的温度和应力随时间变化曲线

通过实时调节电流强度,控制脉冲引起的温度峰值维持在预定值范围内(±10℃),脉冲持续时间和间隔时间保持不变,得到不同温度峰值下材料应力-应变曲线如图 2 - 69 所示,探究温度对应力的影响。脉冲电流引起的温度峰值越高,脉冲电流引起的应力下降越明显。

将试样施加 26% 的预应变后,在保持拉伸状态不变的情况下通电,脉冲电流产生的温度峰值与应力回升值的关系如图 2 - 70 所示。随着温度的升高,温度峰值引起的应力回复值越低;当温度峰值超过 600℃时,应力回复值和未拉伸时的初始屈服应力值(虚线所示)接近。黄铜合金 H70 具有高的加工硬化率,脉冲电流引起的温度升高退火显著降低材料应力。值得注意的是,不同于传统的热处理,试样温度停留在峰值的时间极短(小于 0.1 s)。

从微观角度分析,黄铜合金在拉伸的过程中,晶体内部发生畸变,位错储存

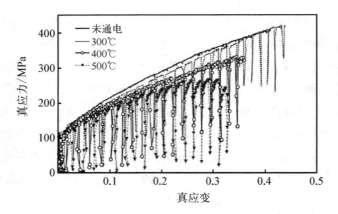

图 2-69　不同温度峰值下材料应力-应变曲线

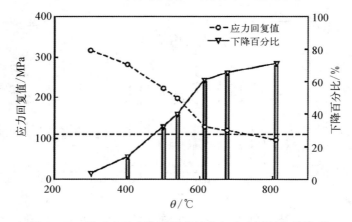

图 2-70　脉冲电流产生的温度峰值与应力回复值的关系

了能量,并随着拉伸的进行畸变能不断增加,阻碍滑移的作用越大,强度越高。脉冲电流能够促进变形积攒的位错滑移,加快位错攀移进入晶界,增大亚晶角度。同时,黄铜晶界处的第二相与杂质逐渐溶入晶粒中后,晶粒的长大摆脱了它们的钉扎阻碍作用,总界面自由能降低促使晶粒互相吞并并长大。断裂区域的铸态组织形成,由于断裂区域的温度达到融化临界温度(820℃),不断变形引起的畸变能也为铸态组织长大提供条件,断裂处畸变能最大,因此铸态树枝晶晶粒尺寸最大。在枝晶偏析和细密组织之间,存在没有完全转化的晶粒,这可能是因为局部裂纹引起脉冲电流密度集中在裂纹附近横截面积更小区域,相应的远离裂纹位置电流密度减小。此外,材料的温度升高和脉冲电流作用之间有微小滞后,引起局部区域的温度升高较为缓慢,脉冲电流作用引起试样在温度峰值停留时间极短(小于0.1s)没有达到足够的温度。在裂纹出现区域,电流产生的热量没有来得及完全扩散该区域,随后断开,导致中间区域的微观组织变化略慢于附近区域,因此保留了部分完好晶粒。通过对拉伸试样的纤维组织观察发现,脉冲电流引起拉伸下的黄铜表面晶粒组织发生明显再结晶,越靠近断裂区域,晶粒越大,再结晶越明显,晶粒尺寸由原始的 31.4 μm 增大至 70 μm;断裂区域出现等轴铸态组织和粗大树枝晶铸态组织。

2.7.2　工业纯钛[9]

对 127 μm 厚的原样冷轧的工业纯钛(CP 钛,2 级)进行电辅助拉伸实验,试样尺寸为长 10.5 mm、宽 3.5 mm。拉伸实验在常应变速率 0.002 s^{-1} 下进行,为了在实验中明显区分焦耳热的温度,使用的电流密度分别是 6 A/mm²、11 A/mm²、16 A/mm²。

1)电辅助拉伸实验

为了确定室温下力学性能的基线,初始的拉伸实验是在不施加电流下进行的。然后进行电辅助拉伸实验,焦耳热的温度被记录。使用三种不同的初始电流密度进行电辅助拉伸实验试样的最高温度对比如图 2-71 所示。从图 2-71可以看出,试样的最高温度在整个实验期间趋于增加,这是由于在拉伸过程中样品横截面面积减小,从而使样品电流密度增加引起的(拉伸变形的开始在图 2-71 中用正方形标记表示)。如所预期的,增加初始电流密度导致在测试期间产生更高的焦耳热温度。

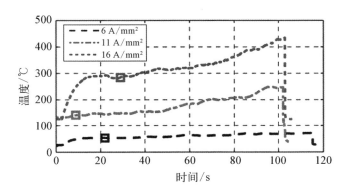

图 2-71　电辅助拉伸实验试样的最高温度对比(正方形标记拉伸实验开始)

在不同的电流密度下测量 CP 钛的单轴拉伸行为如图 2-72 所示。从图 2-72 可以看出,随着电流密度增加,流动应力减小,应力降低与测量到的焦耳热温度的增加相关。因此,难以推断所观察到的应力减小是由于增加的电流密度(通过非热电塑性效应)还是由于增加的温度(通过高温变形),需要在电辅助张力试样上进行另外的实验,其中焦耳热的作用通过空气冷却与可能的电塑性效应分离。

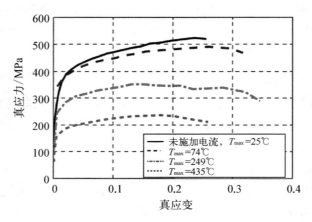

图2-72　电辅助拉伸实验中的单轴拉伸性能

2) 吹风冷却拉伸实验

电辅助与吹风冷却拉伸实验一起进行以降低焦耳加热温度。在 16 A/mm^2 的电流密度下,将吹风冷却和不吹风冷却的情况进行比较,因为在该电流密度下(没有冷却)产生应力的最大降低(与室温相比降低近50%温度强度)以及最高测量温度。进行吹风冷却,试样的最高温度大大降低到37℃(与非冷却情况下的最高温度435℃相比)。吹风冷却和非吹风冷却的电辅助单向拉伸性能对比如图2-73所示。当将试样风冷至接近室温时未观察到应力降低,而在未冷却

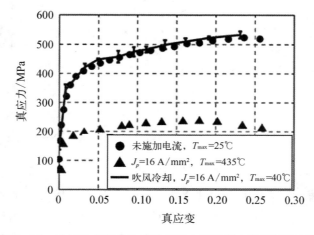

图2-73　吹风冷却和未吹风冷却的电辅助单向拉伸性能对比

的情况下相对高的电流密度导致应力下降近 50%。这个结果与 Okazaki[10] 等人的观察相冲突,其通过吹风冷却至 27℃(最大温度增加 20℃),观察到高脉冲电流导致多晶钛丝(直径 0.12~0.51 mm)应力的下降。这种行为差异可归因于使用较高的电流密度,电流密度大于当前实验中使用值(10^3 A/mm^2)的两个数量级。

使用两种常用温度依赖流动应力的本构模型以及来自文献测量的热-力学行为来预测在电辅助拉伸实验期间由恒定直流电流和相关的焦耳热引起的力学响应。

3) 修正的 Hollomon 模型

Hollomon 模型(或者幂硬化)通常被认为是最简单和最常用的塑性流动应力模型。这里,修正的 Hollomon 模型包括温度依赖性行为用,如式(2-33)所示的形式。

$$\sigma(\varepsilon, T) = K(T)\varepsilon^n \qquad (2-33)$$

在这个分析中,强度系数 K 和应变硬化系数 n 是由室温单轴拉伸实验的基线使用最小二乘法拟合确定的。考虑到在高温下的热软化,强度系数被认为是有温度依赖性的。通过将最大单轴载荷与颈缩相关,可以将强度系数的关系确定为 n,如式(2-34)所示的依赖于温度的拉伸强度 $S_u(T)$ 的函数。

$$K(T) = \frac{(1+n)S_u(T)}{\ln(1+n)^n} \qquad (2-34)$$

在升高的温度下,CP 钛的拉伸强度使用 Nemat-Nasser[11] 等人的高温单轴压缩试验的数据确定,其应变速率与本书提出的实验(10^{-3} s^{-1})相似。由于在实验中使用同一个应变速率,应变速率的影响在这里没有明确研究。为了量化拉伸强度随温度的变化,拉伸强度比 $R(T)$ 用高温拉伸强度 $S_u(T)$ 与室温拉伸强度 S_{u_Troom} 的比值来表示

$$R(T) = \frac{S_u(T)}{S_{u\_Troom}} \qquad (2-35)$$

另外,在电辅助拉伸实验中测量的拉伸应力和相应测量的温度遵循类似的线性关系。

$$R(T) = aT + b \qquad (2-36)$$

4) Johnson - Cook 模型

由于广义 Johnson - Cook 模型在预测 CP 钛的高温力学行为方面的有效性,所以采用其作为电辅助拉伸的本构模型。由式(2-37)给出了等效 von Mises 拉伸应力的等效应变的函数,其中:B、n 和 C 是材料常数。

$$\sigma = B\varepsilon^n \left[1 + C\ln\left(\frac{\dot{\varepsilon}}{\dot{\varepsilon}_0}\right) \right] f(\bar{T}) \qquad (2-37)$$

类似于修正的 Hollomon 模型,系数 B 和 n(分别描述强度和应变硬化)是使用最小二乘拟合法从室温下的单轴拉伸试验确定的。描述应变速率效应的系数 C 直接从参考文献[12]取参考初始值剪切应变速率 C_0 为 $0.192\ \text{s}^{-1}$,对应有效拉伸应变速率为 $\dot{\varepsilon}_0 = \dfrac{\dot{\gamma}_0}{\sqrt{3}} = 0.111\ \text{s}^{-1}$。

式(2-38)对热软化参数 $f(\bar{T})$ 做出定义。热软化参数采用 Arrhenius 型指数方程形式来充分表示宽范围内的应力和温度下的热激活塑性变形。系数 ∞ 和 β 的值是在室温～750℃的温度范围内测定的,并且适当地对应于本研究中测量的温度。

$$f(\bar{T}) = \infty \exp(\beta\bar{T}) \qquad (2-38)$$

相应的温度项 $\bar{T}$ 是材料的熔融温度 T_m 为 1 665℃,参考温度 T_R 为 25℃(在其处确定屈服和应变硬化项),以及如式(2-39)所示的瞬时温度 T。

$$\bar{T} = \frac{T_m - T}{T_m - T_R} \qquad (2-39)$$

在修正的 Hollomon 模型和 Johnson - Cook 模型电辅助拉伸实验中使用的材料系数如表 2-15 所示。

表 2-15　电辅助拉伸实验中使用的材料系数

模　型	系　数	数　值
修正的 Hollomon 模型	S_{u_Troom}/MPa	438.9
	n	0.124
	a	$-0.001\ 9$
	b	1.020 5

（续表）

模　　型	系　　数	数　　值
	B/MPa	796.1
	n	0.124
Johnson - Cook 模型	C	0.053
	α	0.021
	β	3.862

5）电辅助拉伸实验的建模

基于室温拉伸实验，确定修正的 Hollomon 模型（S_{u_Troom} 和 n）和 Johnson - Cook 模型（B 和 n）的室温拉伸强度和应变硬化系数。使用基线室温的实验数据验证两种模型的流动应力行为如图 2 - 74 所示。从图 2 - 74 可以看出，两种模型都适合预测 CP 钛的室温流动应力行为，直到测量的失效应变。

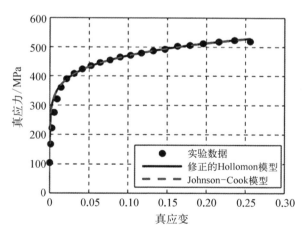

图 2 - 74　使用基线室温的实验数据验证两种模型的流动应力行为

接下来，使用修正的 Hollomon 模型和 Johnson - Cook 模型预测电辅助拉伸试样的流动应力行为。为了适当地考虑在本构模型中的实验期间温度的变化，作者提出了一种算法，使每个实验应变值被数值地分配给实验测量的温度值。得到基于两个本构模型电辅助拉伸实验的流动应力预测与实验测量比较如图 2 - 75 所示。

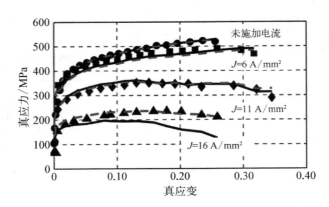

图 2-75　两个本构模型电辅助拉伸实验的流动应力预测与实验测量比较

　　如图 2-75 所示,修正的 Hollomon 模型和 Johnson-Cook 模型对流动应力的预测紧密地遵循实验测量的流动应力行为。两种模型预测室温和施加电流密度为 6 A/mm² 和 11 A/mm² 情况下测量的流动应力误差小于 5%。在电流密度为 16 A/mm² 的情况下,Johnson-Cook 模型预测具有低误差(小于 6%)的应力,而修正的 Hollomon 模型在 0.25 的应变处显示高达 41% 的增长误差。

　　另外,在高电流密度下(11 A/mm² 和 16 A/mm²),两个模型都捕捉到了应变软化行为或者随应变增加应力减少。预测的应变软化行为是由每个模型的热软化部分的演变引起的[修正的 Hollomon 模型热软化参数类似于高温下的强度系数除以室温强度系数,而 Johnson-Cook 模型的热软化参数是如式(2-38)中定义的 $f(\bar{T})$]。图 2-76 对比了在修正的 Hollomon 模型和 Johnson-Cook 模型中使用热软化作为参数的温度函数。可以看出,两个模型的参数在低温下大致相同(在 10% 内)。但是,因为修正的 Hollomon 模型的线性拟合(并且导致高温下的大模型误差)大约在 270℃,热软化行为开始发散,而 Arrhenius 型关系表现出逐渐减小的行为,其更合适预测所观察到的材料的热软化。

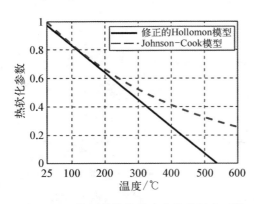

图 2-76　使用热软化作为参数的温度函数

2.7.3　5052-H32 铝合金[13]

实验使用 2 mm 厚的 5052-H32 铝合金板料,其化学元素成分如表 2-16

所示。沿着片材的轧制方向通过激光切割制造获得长 50 mm、宽 9 mm 的试样，进行正常的准静态拉伸和施加脉冲电流的准静态拉伸。

表 2 - 16　5052 - H32 铝合金化学成分

元素成分	Cr	Cu	Fe	Mg	Mn	Si	Zn
质量分数/%	0.15~0.35	≤0.10	≤0.40	2.20~2.80	≤0.10	≤0.25	≤0.10

准静态实验是在普通试验机器上进行的，固定位移速率为 2.5 mm/min（相应的应变速率为 0.05 mm/min）直至断裂。基于试样的原始横截面积的电流密度（标称电流密度 ρ_{i_0}），电流持续时间（脉冲持续时间 t_d）和脉冲周期（μ）是最初考虑的实验参数（通电脉冲参数）。在脉冲电流作用下代表性实验结果如图 2 - 77 所示。在准静态拉伸载荷下，当电流施加到试样时，所选铝合金的流动应力几乎立即显著降低，如图 2 - 77(a) 所示。流动应力的这种几乎瞬间的降低被定义为应力降。一旦将电流从试样中除去，材料的应力迅速增加并且开始应变硬化，直到下一个电流脉冲。每个脉冲之间的应力-应变曲线定义为局部应力-应变曲线。压降和局部应力-应变曲线的交替导致脉冲电流下的应力-应变曲线显示出独特棘轮形状，其与未施加电流的基线应力-应变曲线的形状非常不同。当施加电流的热效应变得显著时，显示试样过早失效，如图 2 - 77(d) 所示。可以看到，图 2 - 77(d) 中试样在第一次施加脉冲电流时最高温度达到 310℃（在 0 位移拉伸）。

1) 电流能量密度的影响

在图 2 - 77 中对比了不同通电脉冲参数组获得的结果，表明脉冲电流的应力-应变曲线的棘轮形状严格依赖于通电脉冲参数。实验结果表明，所选择的铝合金在脉冲电流下的拉伸电塑性取决于电能密度，其被定义为每个电流脉冲的每单位体积的电能。对于给定的电流脉冲参数，施加的电能（用 J 表示）可以用式(2 - 40)简单计算

$$J = I^2 R t_d \tag{2-40}$$

式中：I、R 和 t_d 分别表示电流（单位 A）、样品的电阻（单位 Ω）和脉冲持续时间（单位 s）。

基于电流的第一脉冲处的电能 J_0 和试样的原始体积 V_0 的标称电能密度 j_0，定义为

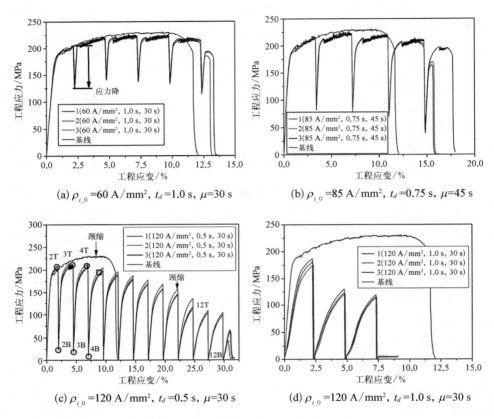

图 2-77　在脉冲电流作用下代表性实验结果

$$j_0 = \frac{J_0}{V_0} = I^2 \left(\frac{\rho_e l_0}{A_0} \right) t_d \, \frac{1}{A_0 l_0} = \left(\frac{I}{A_0} \right)^2 \rho_e t_d \qquad (2-41)$$

式中：A_0、l_0 和 ρ_e 分别表示试样的原始横截面积、试样的原始标距长度和所选择的铝合金的电阻率。

如图 2-78 所示，具有相同标称电能密度和相同脉冲周期的两组不同通电脉冲参数产生几乎相同的棘轮形状应力-应变曲线。注意到在计算标称电能密度时，所选择铝合金的电阻率 $\rho_e = 4.99 \times 10^{-5} \Omega \cdot \mathrm{mm}$。在先进高强度钢（advanced high strength steel，AHSS）（又称"超强钢"）和镁合金单脉冲电流的实验中也观察到了非常相似的结果。电塑性行为对电能密度的依赖性如图 2-78 所示，表明在电辅助金属成形过程中仅需要考虑两个通电脉冲参数（电能密度和脉冲周期），而不是三个参数（电流密度、脉冲持续时间和脉冲期）。

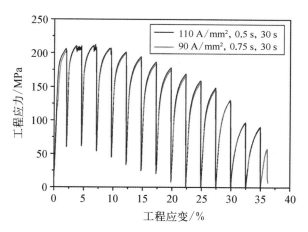

图 2-78　具有两组不同通电脉冲参数的应力-应变曲线[13]

基于在第 n 个电流脉冲处样本的体积,在第 n 个电流脉冲处的电能密 j_n 被定义为真实的电能密度,并且简单地写为

$$j_n = \frac{J_n}{V_n} = \left(\frac{I}{A_n}\right)^2 \rho_e t_d \qquad (2-42)$$

式中:J_n 和 A_n 分别表示在电流的第 n 个脉冲处施加的电能(单位 J)和试样的横截面积(单位 mm^2)。

真实电能密度可以简单地与标称电能密度相关

$$j_n = j_0 \left[1 + \frac{(n-1)\mu d}{l_0}\right]^2 \qquad (2-43)$$

式中:μ 和 d 分别表示脉冲周期(单位 s)和拉伸位移速率(单位 mm/s)。

因此,在脉冲电流下所选择的铝合金的拉伸电塑性行为可以用给定脉冲周期和位移速率的标称电能密度来讨论。

除了应力-应变曲线的独特棘轮形状之外,可以根据所选择的通电脉冲参数显著地改善铝合金的可成形性。与基线结果相比,断裂时的总伸长率大约增加到 275%,颈缩也被显著延迟。

2)整体应力-应变曲线

通过连接局部应力-应变曲线的最大点来定义假想的“全局应力-应变曲线”,其描述了棘轮形状应力-应变曲线的上限直到颈缩点,提出了一个全局应力-应变曲线的经验表达式:

$$\sigma = K_{base}\varepsilon^{n_{base}} + A[1 - \exp(B\varepsilon)] \tag{2-44}$$

式中：ε 表示总真实应变；K_{base} 和 n_{base} 分别是强度系数和应变硬化指数；在基线应力-应变曲线中，A 和 B 分别是适应通电脉冲参数（拉伸电塑性系数）和给定金属合金（电铸材料系数）的影响所需的经验系数。为了简化分析，假定材料的电塑性系数 B 为仅取决于给定的金属合金的整数。对于给定的 5052 - H32 铝合金，电塑性系数 B 选择为 5，以便测定在颈缩之前具有最大伸长改进拉伸电塑性系数 A 最小平方拟合的最小系数。对于给定的铝合金，$B = 5$，提出的经验关系式（2-44）与实验结果吻合良好，如图 2-79(a) 和 (b) 所示的代表性结果。

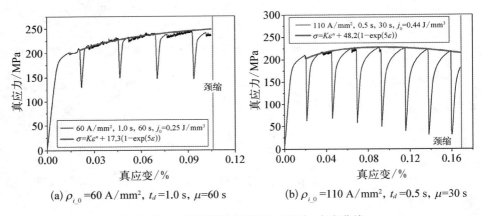

(a) $\rho_{i\_0} = 60\ \text{A/mm}^2$, $t_d = 1.0\ \text{s}$, $\mu = 60\ \text{s}$　　(b) $\rho_{i\_0} = 110\ \text{A/mm}^2$, $t_d = 0.5\ \text{s}$, $\mu = 30\ \text{s}$

图 2-79　基于实验结果的全局应力-应变曲线

对于给定的脉冲周期，拉伸电塑性系数 A 可以简单地表示为标称电能密度的二次函数，如图 2-80(a) 所示，可以写为

$$A = \lambda j_0^2 \tag{2-45}$$

式中：系数 λ 近似为如图 2-80(b) 所示的脉冲周期的分式函数。

对于在本研究中选择的位移速率或应变速率，任意选择的通电脉冲参数的全局应力-应变曲线可以使用式（2-44）和式（2-45）预测。使用任意选择的通电脉冲参数获得的实验结果与使用式（2-44）和式（2-45）预测的全局应力-应变曲线的比较，显示出相当好的一致性。

假设的全局应力-应变曲线的经验表达式相当好地预测了棘轮形状应力-应变曲线的上边界，因此能够在变形期间近似估计最大力，而不涉及电流脉冲之间的单个局部应力-应变的曲线。

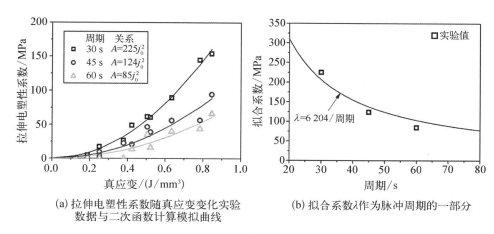

(a) 拉伸电塑性系数随真应变变化实验　　(b) 拟合系数λ作为脉冲周期的一部分
数据与二次函数计算模拟曲线

图 2-80　拉伸电塑性系数 A 作为标称电能密度的二次函数

2.8　本章小结

本章分别对铝锂合金、钛合金、不锈钢、镁合金、高强钢等材料的电致塑性变形行为进行分析讨论，主要结论如下：

（1）针对 5A90 铝锂合金，研究发现脉冲电流可以有效提高其延伸率，降低流动应力、屈服强度和抗拉强度，这些都有助于提高材料的冲压成形性能。电流密度越大，效果越明显。

（2）针对 TC4 钛合金的电致塑性研究发现，和室温拉伸相比，脉冲电流可以显著降低 TC4 钛合金的流动应力和提高 TC4 钛合金的延伸率。随着有效电流密度的增大，延伸率的提高和流动应力的降低越明显。另外，钛合金晶粒尺寸越小，电塑性效应越明显，宏观表现为通入有效电流密度的相同的时候，细晶 TC4 钛合金延伸率的提高和流动应力的降低要比粗晶 TC4 钛合金更大。

（3）通过对 SUS304 亚稳态奥氏体不锈钢进行电塑性拉伸实验，测定了在不同电流密度下其拉伸性能，包括流动应力、屈服强度、抗拉强度以及延伸率等。通过推导电塑性效应系数的公式，建立了电塑性拉伸过程中的电塑性效应系数求解方法，探讨了电塑性效应系数随电流密度和应变变化的规律。

（4）AZ31 镁合金室温下塑性极差，随着温度的升高其塑性得到明显改善，流动应力也显著降低。实验结果表明：除去温度的影响外，通电脉冲能明显降低 AZ31 镁合金的流动应力，AZ31 镁合金存在明显的纯电塑性效应。微观分析发现 AZ31 镁合金在 423 K 时已开始发生动态再结晶，在相同温度下通电脉冲并没有显著提高动态再结晶程度。AZ31B 镁合金单向拉伸试验结果表明,该材料具有纯电塑性效应。金相组织观察结果表明,脉冲电流能够提高 AZ31B 镁合金的再结晶形核率,从而导致纯电塑性效应。通过修正传统的 Johnson - Cook 流动应力模型,建立了考虑脉冲电流影响的 AZ31B 镁合金材料流动应力模型,并对新模型进行了实验验证。结果表明,在给定参数范围内,新模型预测曲线与实验曲线吻合较好。

(5) 通过对 DP980 高强钢的单向拉伸试验结果表明,材料在较低的温度下(400℃)流动应力高于室温拉伸流动应力。温度超过 400℃ 时,流动应力低于室温拉伸流动应力。热效应对材料的流动应力曲线影响显著。就塑性指标而言,温度和脉冲电流对 DP980 高强钢的断裂延伸率基本没有改善,在实验温度范围(室温～600℃)内,材料的断裂延伸率低于室温下的断裂延伸率。而温度对 DP980 高强钢的断面收缩率影响不同于断裂延伸率,400℃ 以下时,断面收缩率低于室温的断面收缩率;400℃ 以上时,断面收缩率有高于室温的断面收缩率,且温度越高,断面收缩率越大。就力学性能而言,脉冲电流在较低的温度下(300℃)能够降低 DP980 高强钢的屈强比,有利于改善材料的塑性;而在 400℃ 以上则能提高材料的屈强比,使材料难于变形。在相同实验温度条件下,DP980 高强钢的流动应力曲线在只改变峰值电流和脉冲频率的条件下表现出一定的差异,这表明 DP980 高强钢具有一定的纯电塑性效应。

参考文献

[1]　PERKINS T A, ROTH J T. The reduction of deformation energy and increase in workability of metals through an applied electric current[C]. ASME International Mechanical Engineering Congress and Exposition, 2005, 9: 1 - 10.

[2]　江海涛,唐荻,刘强. TRIP 钢中残余奥氏体及其稳定性的研究[J]. 钢铁,2007,42(8): 60 - 63,82.

[3]　陈振华. 变形镁合金[M]. 北京: 化学工业出版社,2005.

[4]　俞汉清,陈金德. 金属塑性成形原理[M]. 北京: 机械工业出版社,1999.

[5]　BUNGET C, SALANDRO W, MEARS L, et al. Energy-based modeling of an electrically-assisted forging process [J]. Transactions of the North American Manufacturing Research Institute of SME, 2010, 38: 647 - 654.

[6]　JOHNSON G R, COOK W H. A constitutive model and data for metals subjected to large strains, high strain-rates and high temperatures [C]. Proceedings of the 7th International Symposium on Ballistics, 1983, 21: 541 - 547.

[7]　LIU X, LAN S H, NI J. Experimental study of electro-plastic effect on advanced high

strength steels [J]. Materials Science and Engineering：A，2013，582：211－218.

［8］ 范蓉，赵坤民，阮金华，等. 脉冲电流下黄铜合金 H70 的力学性能和微观组织[J]. 东北大学学报（自然科学版），2016，37（9）：1322－1326.

［9］ MAGARGEE J，MORESTIN F，CAO J. Characterization of flow stress for commercially pure titanium subjected to electrically assisted deformation[J]. Journal of Engineering Materials and Technology，2013，135（4）：215.

［10］ OKAZAKI，K，KAGAWA，M，CONRAD，H. A study of the electroplastic effect in metals[J]. Scripta Metallurgica，1978，12(11)：1063－1068.

［11］ NEMAT-NASSER S，GUO W G，CHENG J Y. Mechanical properties and deformation mechanisms of a commercially pure titanium [J]. Acta Materialia Sinica，1999，47(13)：3705－3720.

［12］ SHEIKH-AHMAD J Y，BAILEY J A. A constitutive model for commercially pure titanium [J]. ASME Journal of Engineering Materials Technology，1995，117(2)：139－144.

［13］ ROH J H，SEO J J，HONG S T，et al. The mechanical behavior of 5052－H32 aluminum alloys under a pulsed electric current[J]. International Journal of Plasticity，2014，58(7)：84－99.

第3章 电致塑性成形工艺

随着对电塑性效应研究的不断深入,越来越多的学者开始致力于将电塑性效应应用于工程实践中,以实现其使用价值。目前电塑性效应已被广泛地应用到各种材料加工工艺中,构成了新型的复合成形技术,包括电塑性拉拔、电塑性轧制、电辅助拉深、电辅助弯曲、电辅助渐进成形等。在传统的板料冲压工艺过程中会出现起皱、加工硬化、破裂和回弹等现象。电塑性效应不仅能减小材料变形时的流动应力、降低成形力,还能形成再结晶组织和纳米结构,使材料的力学性能和塑性大大提高。这些有利因素为电塑性与传统的冲压技术相结合提供了重要参考。在这一章中将对不同材料的板料电塑性成形工艺进行研究。

3.1 电致塑性拉深

3.1.1 5A90 铝锂合金拉深

本节通过电塑性拉深实验来研究通电脉冲对 5A90 铝锂合金成形性能的影响,设计了十字件拉深模具。通过电极将脉冲电流引入材料,很好地实现了十字件电塑性拉深过程,完成了 5A90 铝锂合金十字件电塑拉深实验,研究了通电脉冲对材料成形性能的影响,并且得到了生产合格零件的工艺参数和电参数。

3.1.1.1 板料拉深成形过程影响因素分析

1)材料性能对板料拉深成形过程影响

在金属板材拉深成形过程中,当成形的工艺参数与毛坯的外形尺寸、厚度确定后,薄板的拉深成形过程主要受材料本身性能的影响,包括抗拉强度、屈服强度、延伸率、屈强比、加工硬化指数等。但是,在拉深成形过程中,不是其中一个或者几个参数独立地影响材料的成形性能,而是所有材料力学性能综合影响最终拉深工件的质量。

屈服强度表示金属材料发生屈服现象的屈服极限,即抵抗微量塑性变形的应力。屈服强度越小,材料发生屈服时所需要的应力越小,材料在变形过程中所需的变形力越低,成形后回弹小,贴膜性和定形性越好;屈服强度越大,材料发生塑性变形所需的变形力大,材料成形后的回弹大。

加工硬化指数 n 反映的是在塑性变形过程中材料硬化的强度,即材料均匀变形的能力。n 值越大,材料在变形过程中越容易产生硬化,在变形程度相同时,真实应力增加越多,材料应变分布均匀性越好,不易发生分散失稳。但是在冲压过程中,n 值越大,硬化程度越大,阻碍后续的变形。同时,大的 n 值可以抑制材料成形过程中裂纹的产生,提高材料的变形均匀性,成形后的工件壁厚均匀,表面质量好,精度高。因此,板料的 n 值越大,冲压成形性能就越好。

2)工艺参数对拉深成形过程的影响

在金属板料拉深成形过程中,当材料的相关参数确定后,拉深件成形性能主要受工艺参数与毛坯尺寸的影响。工艺参数主要包括压边力、模具间隙,以及摩擦润滑等。在拉深过程中,模具间隙已定,主要讨论压边力对材料拉深成形性能的影响。

在拉深成形过程中,使用压边力可以提高坯料的拉应力,控制材料的流动,防止起皱等缺陷,合适的压边力会使板料在拉深成形过程中始终保持在一个稳定的变形状态,成形后拉深件的表面质量良好。如果拉深变形过程中压边力太小,则板料成形时易发生起皱;如果压边力太大,则板料成形时就有可能被拉裂。当冲压模具确定后,可根据经验和计算初步确定压边力大小,然后通过成形过程中的数值模拟对压边力进行选择。在模拟过程中如果发现起皱,则加大压边力;如果发现拉裂或者有破裂趋势,则减小压边力,最终确定一个优化的能够确保板料顺利成形的压边力。

3.1.1.2　十字件电致塑性拉深成形

5A90 铝锂合金试样尺寸为 61 mm×54 mm,使用 1 000 kN 四柱式单动薄板冲压液压机完成电塑性拉深实验,这台设备最大可提供 1 000 kN 的成形力和 200 kN 的压边力。根据拉深数据模拟结果,压边力是 10 kN,压缩速率是 10 mm/min,拉深深度是 6 mm。在电塑性拉深实验前,将板料通电 2 min,保证通电脉冲对材料产生足够的电塑性效应。在不同电流条件下拉深十字件的成形质量实验结果如表 3-1 所示。

表 3-1 在不同电流条件下拉深十字件的成形质量实现结果

试 样	有效电流/A	表面稳定温度/℃	拉深件质量
A	—	15	严重破裂
B	108	100	破裂
C	142	135	轻微破裂
D	168	180	良好

在不同有效电流条件下拉深十字件的成形质量实物如图 3-1 所示。在室温下(有效电流 0 A)十字件拉深时,由于 5A90 铝锂合金的塑性较差,成形后十字件底部与侧壁发生撕裂而分离,拉深圆角处全部破裂,成形质量很差。将不同有效电流的通电脉冲引入拉深材料中,十字件的成形质量提高,圆角处的裂纹变少、变小,并且有效电流越高,十字件圆角处裂纹越少,成形质量越好。当有效电

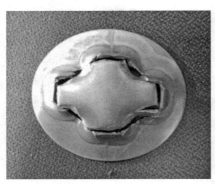

(a) 室温拉深   (b) 有效电流为108 A拉深

(c) 有效电流为142 A拉深   (d) 有效电流为168 A拉深

图 3-1 在不同有效电流下拉深十字件的成形质量实物

流密度提高到 168 A 时,可以成功拉深到 6 mm,十字件圆角处及其他地方成形良好,无裂纹出现。通电脉冲可以有效提高材料的延伸率,提高十字件拉深的成形质量,有效电流越高,成形质量越好。

5A90 铝锂合金在不同有效电流条件下十字件断口形貌如图 3-2 所示。图 3-2(a)是室温下十字件拉深成形断口形貌,出现了大量的脆性平台,断裂方式为脆性断裂,说明材料塑性很差,十字件拉深成形质量差。虽然试样 B[见图 3-2(b)]通入了脉冲电流,但是断口形貌上没有任何韧窝,材料断裂仍为脆性断裂,塑性和成形质量差。当给试样 C[见图 3-2(c)]通入 108 A 的有效电流时,拉深样件仍然破裂,但是破裂程度降低,断口上出现了少量的较浅的韧窝,表明材料的塑性有所提高,成形质量相应变好。试样 D[见图 3-2(d)]的有效电流为 142 A,与试样 C 相比,断口上也出现了韧窝,而且韧窝数量变多,塑性和拉深成形性能进一步提高,试样 D 的破裂程度也较试样 C 降低不少。

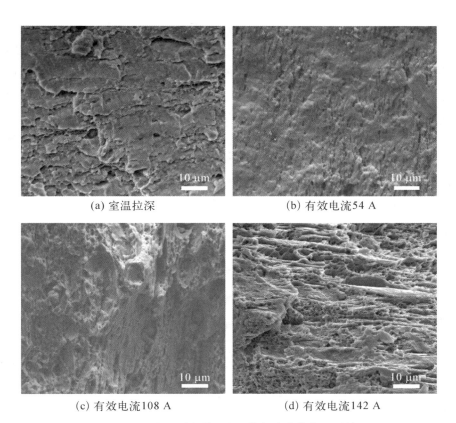

　　(a) 室温拉深　　　　　　　　　　　　　(b) 有效电流54 A

　　(c) 有效电流108 A　　　　　　　　　　(d) 有效电流142 A

图 3-2　在不同有效电流下拉深十字件断口形貌

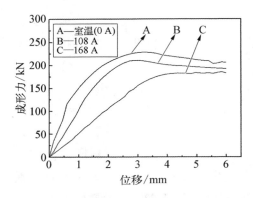

图3-3　十字件电塑性拉深成形力位移曲线

图3-3显示的是十字件电塑性拉深成形力位移的关系曲线。十字件A是在室温下拉深成形,随着位移的增加,经过弹性变形阶段后,进入稳定的塑性变形阶段,此时的成形力大约为230 kN。与十字件A相比,十字件B、C是在108 A和168 A有效脉冲电流的作用下拉深,在稳定变形阶段的成形力分别为200 kN和175 kN,成形力降低了13%和24%。通电脉冲可以降低十字件拉深过程中的成形力,并且有效电流越大,效果越明显。

3.1.2　AZ31镁合金筒形件拉深

　　冲压成形是应用很广泛的生产工艺,AZ31镁合金在室温下塑性差,冷冲压成形很困难,虽然提高温度可以改善塑性,但温度过高会影响产品的表面质量,并且生产效率也大幅降低,因此工艺上多采用温热成形,即在尽可能低的温度下实现板材成形。从AZ31镁合金通电单向拉伸实验结果可知,电塑性效应能改善其成形性能,并且可以在较低温度下保持较好的塑性变形能力。电塑性加工技术成为近年来研究的热点,研究电塑性效应在AZ31镁合金拉深成形中的应用具有很强的实用性,有助于进一步探索电塑性加工在冲压成形上应用的可行性。

　　为了研究AZ31镁合金板材在室温和通电脉冲条件下的拉深性能,本节进行了在室温和通电条件下的圆筒件拉深实验,并借助金相实验,分析了通电条件下塑性改善的机理。

3.1.2.1　圆筒件拉深成形分析

　　根据坯料变形方式的不同,可把圆筒件在拉深过程中的变形体分为五个区域,各区域的应力-应变状态如图3-4所示[1]。

　　(1) A凸缘区域。

　　此区域为坯料主要变形区,单元承受径向拉应力、切向压应力和厚向压应力,靠近凸缘边缘的区域会因为切向压应力较大而导致板料起皱。由于厚向应力值远小于其他两个,因此此区域可近似看作平面应力状态;根据体积不变定律 $\varepsilon_t = -\varepsilon_r - \varepsilon_\theta$,由切向压应变 ε_θ 的绝对值明显大于径向拉应变 ε_r 可知,凸缘厚

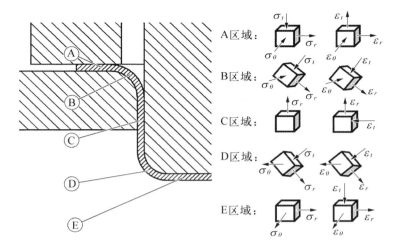

图 3-4　圆筒件在拉深过程中各区域的应力-应变状态

向应变为拉应变。

（2）B 凹模圆角区域。

此区域是拉深件凸缘与直壁的过渡区域，坯料的受力状况和变形比较复杂，除受到径向拉应力 σ_r 和切向压应力 σ_θ 外，还受到因凹模圆角的压力和弯曲作用而产生的厚向压应力 σ_t。

（3）C 圆筒直壁区域。

此区域为已变形区域，起传递凸模拉深力的作用，厚度会减薄，因此承受径向拉应力。应变状态为径向拉应变，厚度方向为压应变。

（4）D 凸模圆角区域。

此区域为拉深件底部和直壁的过渡区域，靠近直壁部分厚度减薄比较厉害，径向和切向受拉应力，厚向为压应力；厚向为压应变，径向和切向为拉应变。

（5）E 圆筒件底部区域。

此区域基本不变形，径向和切向受拉应力，厚度稍有减薄。单元承受径向和切向拉应力，厚向应力为 0；同时，径向和切向应变为拉应变，厚向为压应变。

3.1.2.2　圆筒件室温拉深

室温拉深实验在单动拉深液压机上进行，采用恒定的压边力，不采用任何润滑措施，模具尺寸和实验条件如表 3-2 所示。

表 3‐2　模具尺寸和实验条件

凸模直径/mm	凹模直径/mm	凸模圆角半径/mm	凹模圆角半径/mm	凸凹模单边间隙/mm	润滑条件	压边力/N	拉深速度mm/min
30	33.6	5	6	1.8	无润滑	1 000	30

图 3‐5 是 AZ31 镁合金试样室温拉深成形后的宏观形貌,图 3‐5(a)、(b)、(c)三个拉深件的拉深深度依次为 3 mm、3.5 mm、4.2 mm。如图 3‐5(a)所示拉深件有微小裂纹,如图 3‐5(b)所示拉深件的裂纹随着拉深深度的增加沿凸模圆角一周扩散,如图 3‐5(c)所示拉深件沿凸模圆角一周开裂。由此可见,镁合金在室温下塑性很差,仅能得到很浅的碟形件,随着压机下行其拉深破裂形式近似于冲裁,沿凸模圆角一周出现裂纹。

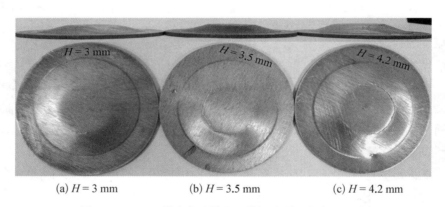

(a) $H = 3$ mm　　　　(b) $H = 3.5$ mm　　　　(c) $H = 4.2$ mm

图 3‐5　AZ31 镁合金试样室温拉深成形后的宏观形貌

3.1.2.3　圆筒件通电脉冲拉深

1）通电拉深的成形性能

由前面的单向拉伸实验可知,镁合金在室温下塑性变形能力很差,只有基面滑移系开动,通电拉伸时会开动更多的滑移系,温度为 423 K 时就已发生动态再结晶,使其成形性能得到显著改善。但通电提高镁合金板料塑性成形能力的同时会使材料的应变硬化指数降低,降低均匀变形能力,导致局部变形剧烈而易于破裂,并且通电会引起温度升高。如果温度过高,则会因为氧化加剧而降低成形件质量。张士宏等[2]针对轧制镁合金板材进行了单向拉伸和单向压缩实验,研究了其在 373~503 K 时的变形机理,发现温度为 443 K 时具有较高的塑性成形能力。在该温度下有大量锥面滑移系开动,有利于板材厚度方向的变形。而当温度升高至 503 K 时,锥面滑移系不再参与变形,从而不利于板材厚度方向的变形。综合考虑以上因素,本实验选择在室温～473 K 范围内的较低温度下成形,以保证镁合金拉深件具有良好成形质量。

直径为 60 mm 的 AZ31 镁合金板材通电脉冲辅助拉深的实验参数如表 3-3 所示,拉深件的温度用接触式热电偶测得,测温点的位置为拉深件凸缘区的外边缘。在通电拉深过程中,示波器只能够测得整个电路中流过电流的强度,电流由试样与凸模端部电极的接触部位呈辐射状流向凸缘外边缘,在相同电流强度下,试样的电流密度分布为中心大边缘小,因此环形通电区域靠近凸模端部电极的位置温度升高相较于凸缘边缘要快。然而,拉深前的通电预热时间为 10 min。由于镁合金良好的导热性能和模具良好的绝缘绝热性能,因此试件通电区域的温度基本是均匀分布。经实际测量,拉深件凸缘外边缘与试样和端部电极接触的环形部位的温差不超过 5 K。

表 3-3　通电脉冲辅助拉深的实验参数

序号	拉深速度/(mm/min)	通电电压/V	频率/Hz	峰值电流强度/A	有效电流强度/A	拉深最高温度/K	拉深深度/mm
E0		0	0	0	0	298	3
E1		110	500	1 802	340	333	4
E2		120	500	2 032	355	383	5
E3		110	600	1 760	370	403	7
E4		120	600	1 940	382	426	9.4
E5	30	130	500	2 224	400	449	11.5
E6		115		1 920	374		7.1
E7		122	600	2 070	384		6.9
E8		132		2 240	396	403	6.8
E9		100	400		360		7.3
E10		104	500	1 760	366		6.8
E11		114	700		377		7

通电拉深试件宏观形貌如图 3-6 所示,增大通电参数(频率和峰值电流强度)可以提高拉深件的拉伸深度。试件的拉深深度与温度的关系如图 3-7 所示,通电脉冲拉深可在一定程度提高镁合金的成形性能,低温下通电拉深时的拉深深度有微小增大,成形性能的改善并不明显。随着温度的升高,当温度达到

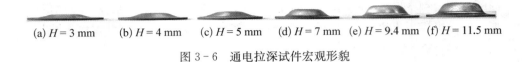

(a) $H=3$ mm　(b) $H=4$ mm　(c) $H=5$ mm　(d) $H=7$ mm　(e) $H=9.4$ mm　(f) $H=11.5$ mm

图 3-6　通电拉深试件宏观形貌

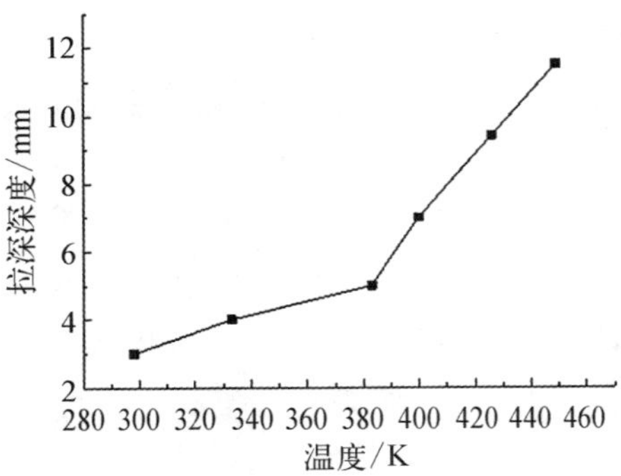

图 3-7　试件的拉深深度与温度的关系

383 K 以上时,极限拉深深度明显增大。这说明引入通电脉冲可以提高材料的塑性,增强拉深变形能力。

为了研究电参数对拉深成形性能的影响,采用不同的通电参数对试件在相同温度下进行通电拉深。实验结果表明:在相同温度下改变电参数,圆筒件的极限拉深深度并没有太大变化。拉深深度与峰值电流强度和脉冲频率的变化关系如图 3-8 所示。在温度为 403 K 条件下,无论是增大峰值电流强度还是脉冲频率,拉深件的极限深度并没有提高。通电参数对拉深性能的影响不明显,温度为主要影响因素。

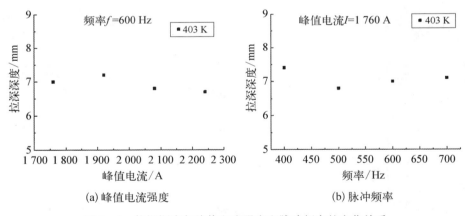

(a) 峰值电流强度　　　　　　　(b) 脉冲频率

图 3-8　拉深深度与峰值电流强度和脉冲频率的变化关系

2) 拉深件壁厚的变化规律

在筒形件拉深过程中,试件各部分应力-应变状态不同。凸缘区在切向压应力作用下有增厚趋势;凹模圆角区在变形时受到弯曲和反弯曲的双重作用,是易破裂部位;筒壁区承受单向拉应力作用,在拉深中容易减薄而发生拉裂;凸模圆角区承受径向和切向拉应力的作用,同时在厚度方向还受到凸模圆角的压力和弯曲作用,材料变薄严重;筒壁与凸模圆角过渡处是最容易拉裂的位置;筒底区与凸模底部接触,变形很小,其厚度基本保持不变。图 3－9 为通电拉深筒形件的壁厚变化,图 3－9(a)为测量厚度取样点位置,图 3－9(b)为测得厚度值。从图 3－9 中可以看出:凸模圆角部位厚度减薄最严重,其次是直壁部位;凸缘区厚度增加。

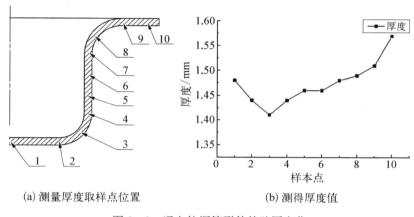

(a) 测量厚度取样点位置　　　　　　(b) 测得厚度值

图 3－9　通电拉深筒形件的壁厚变化

3) 拉深件不同区域的金相组织分析

在通电拉深过程中,各区域受力状态不同,在不同应力状态下发生塑性变形程度不一,所获得的显微组织存在明显差别。为明确 AZ31 镁合金的筒形件在通电脉冲辅助拉深过程中各区域的组织变化,以 $T=426\,\text{K}$ 的拉深件为例,分析各区域的金相组织,如图 3－10 所示。

凸缘区域变形剧烈,其显微组织如图 3－10(a)所示,没有明显的晶粒取向,一些晶界处可以观察到一些细小晶粒,出现动态再结晶。凹模圆角区域显微组织如图 3－10(b)所示,多数晶界处分布着细小晶粒,发生了动态再结晶,局部位置的动态再结晶明显。直壁区域受单一拉应力,晶粒会被拉长,其显微组织如图 3－10(c)所示,动态再结晶效果明显。凸模圆角区域受两向拉应力,其显微组织如图 3－10(d)所示,晶粒取向不明显,出现许多细小晶粒,发生了明显动态再结晶。底部区域基本不发生变形,其显微组织如图 3－10(e)所示,发生动态再结晶,但再结晶晶粒尺寸较大。

在温度为 423 K 时,对 AZ31 镁合金的通电与不通电单拉试样进行金相分析发现:晶界处都有明显的等轴微细晶粒出现,发生了明显的动态再结晶。然

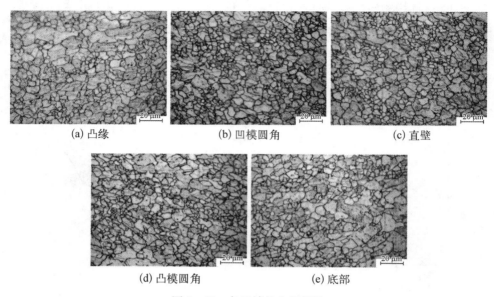

(a) 凸缘　　　　　　　　(b) 凹模圆角　　　　　　　(c) 直壁

(d) 凸模圆角　　　　　　　(e) 底部

图 3-10　各区域的金相组织

而,在相同温度下的 AZ31 镁合金通电脉冲拉深成形,变形剧烈部位发生了动态再结晶。再结晶晶粒尺寸较大,主要是因为拉深成形的拉深速度高、变形程度小,影响了再结晶晶粒尺寸。因此,通电脉冲进行圆筒件拉深,变形区发生了动态再结晶,有效地改善了材料的塑性,提高了成形能力。

3.1.3　AZ31B 镁合金拉深实验

实验用材料为 AZ31B 镁合金,试样由线切割切成直径为 60 mm 的圆形,拉深速度为 30 mm/min。实验安排如表 3-4 所示。

表 3-4　实 验 安 排

序号	$T/℃$	f/Hz	I_p/A	有效电流密度 $I/(A/mm^2)$
0	25	0	0	0
1	50	500	1 632	340
2	100	500	2 032	370
3	125	600	1 760	355
4	150	600	1 920	382
5	175	500	2 224	400

在室温情况下,AZ31B 镁合金拉深结果如图 3-11 所示。由图 3-11 可知,材料在室温下拉伸高度为 3 mm($H=3$ mm)时,凸模圆角区对应的外侧部分(白色虚线框附近)并未出现裂纹。当拉伸高度 $H=3.5$ mm 时,虚线框内开始出现裂纹,并且随着拉深深度进一步增加至 $H=4.2$ mm,裂纹增长显著。因此,在室温条件下,材料的极限拉深高度 $H_m=3$ mm。

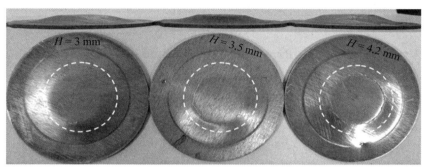

(a) $H=3$ mm, 无破裂　(b) $H=3.5$ mm, 开始破裂　(c) $H=4.2$ mm, 明显破裂

图 3-11　AZ31B 镁合金室温拉伸结果

不同通电脉冲参数下的极限拉深高度如图 3-12 所示。可以看出,脉冲电流的有效值越大,即热效应越显著,温度越高,获得的极限拉深高度也越大。

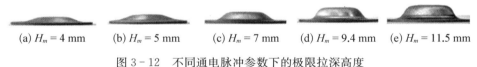

(a) $H_m=4$ mm　(b) $H_m=5$ mm　(c) $H_m=7$ mm　(d) $H_m=9.4$ mm　(e) $H_m=11.5$ mm

图 3-12　不同通电脉冲参数下的极限拉深高度

实验温度与拉深极限高度 H_m 的关系如图 3-13 所示。由图 3-13 可知,在 100℃以内,材料的极限拉深高度改善不多(从 3 mm 提高到 5 mm)。当温度超过 100℃后,材料的极限拉深高度改善明显(从 5 mm 提高到 11.5 mm)。

为研究脉冲电流改善材料拉深性能的机理,对 $T=125$℃条件下拉深后的材料进行金相组织分析,拉深后的圆筒形件五个特征区域的微观组织如图 3-14 所示。由图 3-14 可知,在主

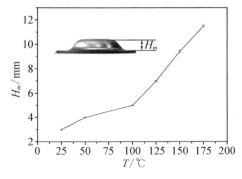

图 3-13　实验温度与极限拉深高度的关系

要的变形区域 B 区,即凹模圆角区域,材料内部出现了再结晶晶粒,而其他区域如 D 区则只出现了孪晶晶粒。这说明在脉冲电流的作用下,材料在较低的温度下可发生动态再结晶,这与前文脉冲电流可在较低的温度下提高镁合金再结晶形核率的结论一致。Guan 等[3]在脉冲轧制镁合金时也发现了类似的低温再结晶的现象。Zhang 等[4]在 200℃ 条件下研究 AZ31 镁合金温热拉深成形时发现,直壁区域和法兰区域较其他区域有更多的再结晶晶粒。而由前述拉深变形受力分析可知,材料仅需要在法兰区域和凹模圆角区域改善其变形能力。注意到本书利用的是差温拉深的方法,而 Zhang 等[4]的实验是在拉深件所有部位温度几乎相同的条件下进行的,这可能是导致微观组织不同的一个因素。

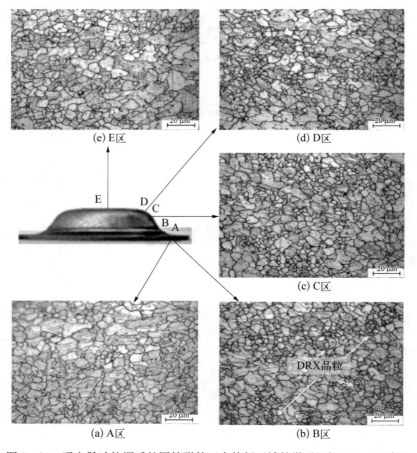

图 3-14　通电脉冲拉深后的圆筒形件五个特征区域的微观组织($T = 125℃$)

为研究在该实验中能否体现出纯电塑性效应,设计了如下实验:(1) $T =$ 50℃,$f = 500\,\text{Hz}$,$I_p = 1\,085\,\text{A}$,$1\,632\,\text{A}$,$2\,032\,\text{A}$;(2) $T = 125℃$,$f = 400\,\text{Hz}$、$600\,\text{Hz}$、$800\,\text{Hz}$,$I_p = 1\,760\,\text{A}$。结果发现,在实验(1)中,三个不同脉冲电流有效值对应的极限拉深高度分别为 $3.5\,\text{mm}$、$4\,\text{mm}$、$4.5\,\text{mm}$;在实验(2)中,三个不同脉冲电流有效值对应的极限拉深高度分别为 $6.5\,\text{mm}$、$7\,\text{mm}$、$7.5\,\text{mm}$。这说明,在通电脉冲辅助拉伸 AZ31B 镁合金板的过程中存在纯电塑性效应,然而在圆筒形拉深情况下的纯电塑性效应不如单向拉伸过程明显[5,6]。在这些工作中,材料变形方向、脉冲电流方向均与板材轧制方向相同,材料仅在轧制方向受拉应力作用,有利于体现脉冲电流的纯电塑性效应。而在圆筒形件拉深过程中,由图 3-14 可知,在拉深主要变形区域 A 区,材料沿 r 向受拉应力作用,而在 t 和 r 方向受压应力作用。脉冲电流方向从试样的外环边缘向圆心沿 r 向流动,仅有 r 向与轧制方向重合的那部分材料才能体现纯电塑性效应。由此推知,垂直于脉冲电流方向的应力状态、脉冲电流流向与轧制方向不重合这两个因素都将对电塑性效应起阻碍作用。但由于电流方向和轧制方向相同的那部分材料体现了纯电塑性,加上整体热效应的作用,因此材料的极限拉深高度仍得到改善。

3.1.4 DP980 高强钢拉深实验

DP980 高强钢的试样为直径为 80 mm 的圆,材料厚度为 1.5 mm。室温拉深结果如图 3-15 所示。由图 3-15 可知,材料在室温下的极限拉深高度约为 7.2 mm。

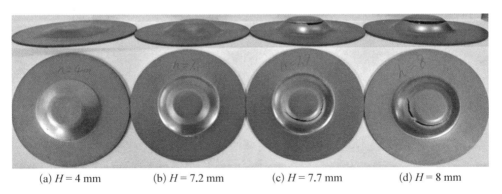

(a) $H = 4\,\text{mm}$　　(b) $H = 7.2\,\text{mm}$　　(c) $H = 7.7\,\text{mm}$　　(d) $H = 8\,\text{mm}$

图 3-15 DP980 高强钢室温拉深结果

DP980 高强钢通电脉冲拉深结果如图 3-16 所示。由图 3-16 可知,材料在改变脉冲参数和提高温度的条件下,极限拉深高度仍在 7 mm 左右,并没有提高。如前文所述,该材料几乎没有纯电塑性,并且在较低的温度下材料塑性比室温下塑性差,容易被拉裂。材料在 200～400℃ 之间会发生低温回火效应,由马氏体分解出的碳化物等硬脆相沿板条状马氏体的板条间、板条束的边界分布,增加了材料的脆性。同时,析出的杂质元素向晶界、亚晶界上偏聚,降低了晶界的断裂强度,这可能与温度引起的软化效应抵消,导致塑性无明显改善。

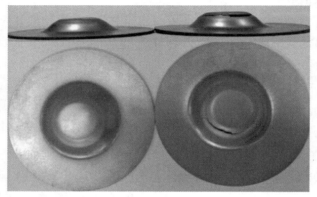

      (a) $H = 7\ mm(T = 200℃)$ (b) $H = 7.5\ mm(T = 300℃)$

图 3 - 16   DP980 高强钢通电脉冲拉深结果

为提高高强钢的拉深变形能力,有学者从应力松弛的角度研究了高强钢塑性改善的方法。Yamashita 和 Ueno[7]采用多步法对 DP590 AHSS 进行盒形件拉深实验,即在冲头下行到一定行程时停止运动,待停止一段时间后,冲头继续下行同样的行程,然后冲头停止与上一步相同的时间后继续拉深,如此往复。他们确定了在停止时间历时 0.5～1.0 s 时,材料能获得最大的拉深极限。他们还认为,拉深过程中在冲头停止运动的时间内,材料会发生应力松弛,而应力松弛会推迟材料在拉深过程中的减薄量,从而提高成形极限。此外,Hariharan 等[8]研究了应力松弛对 DP780 AHSS 延伸率的影响,他们在拉应力接近抗拉强度时停止拉伸,然后重新加载。如此重复几次后发现,材料的均匀段延伸率可提高3.5%。由于应力松弛能够降低材料内部的位错密度,而位错密度的降低有利于材料塑性的提高,从而提高材料的拉深极限。作者将在今后的工作中利用多步法,即增加成形过程中应力松弛的方法,来提高材料的成形极限。

3.2   电致塑性弯曲

3.2.1   5A90 铝锂合金折弯

为研究通电脉冲对 5A90 铝锂合金冲压性能的影响,设计了电塑性折弯模具,在模具中加入了通电、绝缘部分,既实现了将通电脉冲引入铝锂合金的冲压过程中,又能很好地保证绝缘,防止发生漏电现象。电塑性在折弯过程中,设置相同的工艺参数,通过改变通电脉冲参数,观察电塑性在折弯过程中成形件的质量、折弯件的回弹、成形力等来研究通电脉冲对材料折弯性能的影响,确定比较优化的电塑性折弯参数,同时阐释电塑性折弯的微观机理。

3.2.1.1　通电脉冲对 5A90 铝锂合金折弯性能的影响

1) 通电脉冲对材料成形力的影响

在电塑性折弯实验中,采用 50 mm×50 mm、厚度为 1.9 mm 的正方形折弯试样,在如图 3-17 所示的模具上完成折弯实验。折弯模具的折弯半径为 1 mm,折弯角度为 90°,压缩速率为 5 mm/min,每个工件下压相同的位移。电塑机的最大有效电流可达 200 A。

图 3-17　电塑性折弯模具图

图 3-18 是在不同的有效脉冲电流下,5A90 铝锂合金折弯成形力与位移的关系曲线。试样 A 为室温条件下折弯,通过试样 A 的曲线可以看出,一开始,随着变形的进行,成形力急剧上升,属于弹性变形阶段;随着变形的继续,位移继续增加,进入稳定变形阶段,此时的变形继续,但是成形力却没有明显的变化,稳定变形阶段的成形力大约为 4 500 N。当变形结束,进入保压阶段后,成形力又急剧上升,直到折弯过程

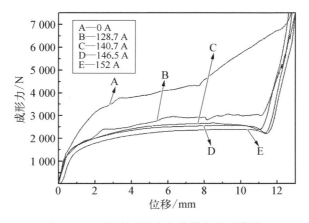

图 3-18　折弯成形力与位移的关系曲线

结束。

试样 B、C、D、E 是在不同的通电脉冲作用下的折弯试样,与试样 A 相比,弹性变形阶段变短,稳定变形阶段的变形力明显降低,材料在变形过程中的机械能(曲线与横坐标所围成区域的面积)也都相应降低;并且有效电流越大,成形力越小。当有效电流提高到 152 A 时,试样 E 在稳定阶段的成形力为 2 000 N 左右,降低了 55.6%(从 4 500 N 降为 2 000 N)。这有助于在生产中减少能耗,节约成本。通电脉冲可以有效减少在折弯过程中的弹性变形,显著降低材料的变形力和残余内应力。有效电流越大,通电脉冲对弹性变形的减少和变形力降低的效果越明显。

2)通电脉冲对材料成形质量的影响

5A90 铝锂合金在不同有效电流下电塑性折弯样件表面质量和成形质量分别如图 3-19 和表 3-5 所示。室温折弯试样 A 在折弯区域出现严重破裂,裂纹长且深,在裂纹旁边出现粗晶,折弯样件质量很差。对折弯试样 B、C、D、E 通入脉冲电流,试样 B、C 折弯区域仍有裂纹,但是裂纹尺寸降低,破裂程度降低,粗晶数量也相应减少。试样 D 的有效电流为 146.5 A,折弯后折弯区域表面只有很短的微小裂纹出现,成形质量明显提高。当有效电流提高到 152 A 时,试样 E 折弯区域不但无任何裂纹,而且折弯样件表面非常光亮,几乎没有粗晶出现,成形质量很好。实验结果与电塑性折弯模拟的结果相一致。通电脉冲可以提高材料的延伸率,从而有效减少裂纹的出现,提高材料的成形性能。随着有效电流的提高,折弯样件的表面质量变好,当有效电流为 152 A 时,折弯样件折弯区域表面质量非常好,无裂纹、粗晶等缺陷。

表 3-5　电塑性折弯样件成形质量

试　样	有效电流/A	工件质量	折弯后角度/°	回弹角度/°
A	0	严重破裂	88.2	1.8
B	128.7	破裂	88.7	1.3
C	140.7	破裂	88.9	1.1
D	146.5	微裂纹	89.2	0.8
E	152	无裂纹	89.5	0.5

在电塑性折弯过程中,通电脉冲的电塑性效应可以为材料提供回复甚至再结晶所需的温度和能量,改变材料的微观结构,提高材料的成形性。同时,电塑

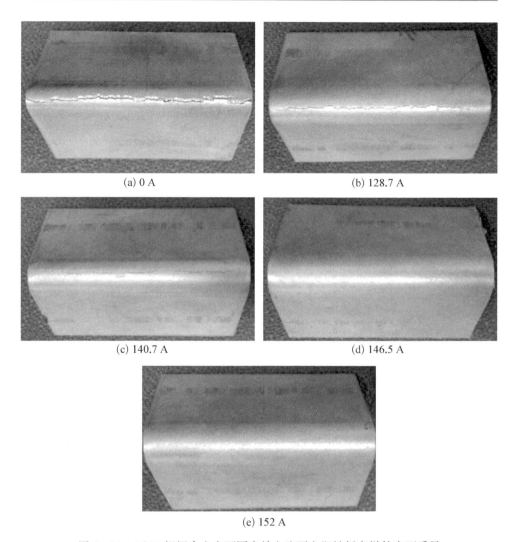

(a) 0 A　　　　　　　　　　　(b) 128.7 A

(c) 140.7 A　　　　　　　　　　(d) 146.5 A

(e) 152 A

图 3 - 19　5A90 铝锂合金在不同有效电流下电塑性折弯样件表面质量

性效应可以治愈缺陷,防止在变形过程中缺陷发展成为材料表面的宏观裂纹。这在一定程度上也提高了成形材料的表面质量。

3) 通电脉冲对折弯件回弹的影响

本实验中折弯凸模和凹模都为 $90°$,折弯形状为 V 形。与三点折弯不同的是,在折弯成形过程中材料与凸模和凹模都接触,折弯后材料的回弹为负回弹。回弹的影响因素主要有材料力学性能、相对弯曲半径、零件形状弯曲方式、弯曲中心角、模具结构、板材厚度等。在室温折弯和电塑性折弯实验中,由于其他影响因素都相同,只有不同的有效脉冲电流会对材料的力学性能产生影响,进而影响材料的折弯回弹。

若材料的屈服强度越高,弹性模量越小,加工硬化越严重,则回弹量也越大。通电脉冲可以有效降低材料的屈服强度,降低材料的加工硬化程度,提高材料的力学性能,有效降低回弹。

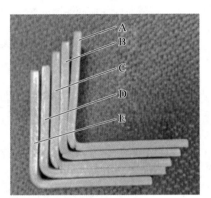

图3-20显示的是5A90铝锂合金在不同有效电流下电塑性折弯实验后样件的回弹比较。试样A在室温下折弯,折弯后工件的回弹角度为1.8°。与试样A相比,引入不同大小有效电流的试样B、C、D、E在折弯过程中,回弹角降低,并且有效电流越大,回弹角越小。当有效电流为152 A时,与室温相比,回弹角降低了72%。通电脉冲可以降低材料的屈服强度和加工硬化,而小的屈服强度和加工硬化可以降低回弹。因此,通电脉冲可以改善材料的力学性能,进而减少材料的回弹角;并且有效电流越大,通电脉冲对回弹角降低的效果越明显。

A—0 A;B—128.7 A;C—140.7 A;D—146.5 A;E—152 A。

图3-20　5A90铝锂合金在不同有效电流下电塑性折弯实验后样件的回弹比较

3.2.1.2　电塑性折弯微观机理分析

5A90铝锂合金在通电情况下力学性能和折弯成形性能的提高主要归功于通电脉冲电塑性效应中的焦耳热效应和纯电塑性效应。通电脉冲的这两种电塑性效应可以有效降低位错密度,提高材料的延伸率,降低流动应力和屈服强度。因此,在折弯过程中,通电脉冲可以有效提高材料的折弯性能,有效降低成形力以及折弯回弹。同时,随着有效电流密度的提高,通电脉冲的焦耳热效应和漂流电子对位错的推力作用加强,折弯性能提高的效果更加明显。

3.2.2　TC4钛合金V形弯曲

TC4钛合金在室温下变形性能差,屈弹比很大,弯曲回弹角与屈弹比大小成正比,所以弯曲时工件回弹角大,难以精确控制零件尺寸。为了改善TC4钛合金弯曲成形性能,作者研究脉冲电流对TC4钛合金V形弯曲性能的影响规律。在电塑性V形弯曲实验中,通过改变脉冲电流的参数(电源电压和脉冲频率),研究脉冲参数对电塑性弯曲过程中工件的成形质量、变形载荷和回弹角大小的影响规律,进而找出最优工艺参数,用于指导工程应用,同时阐述了电塑性弯曲的微观机理。

3.2.2.1　电流密度对 TC4 钛合金 V 形弯曲性能的影响

1) 电流密度对材料成形力的影响

TC4 钛合金电塑性 V 形弯曲实验在 SANS 拉伸试验机上进行,电塑性折弯模的上模和下模通过电木与拉伸机绝缘,脉冲电流由电极通过上下模施加在弯曲试样上。折弯试样为 50 mm×30 mm 的矩形板料。V 形弯曲在实验过程中,拉伸机的下压速率为 10.5 mm/min,折弯半径为 1 mm,折弯角度为 90°,每个工件下压相同的位移。通过控制不同的电源电压和脉冲频率,来研究电流密度和脉冲频率对回弹和成形力的影响规律。

图 3-21 所示为脉冲频率 200 Hz 时,不同有效电流密度条件下,TC4 钛合金 V 形弯曲成形力和位移的关系曲线。整个弯曲过程分为三个阶段:首先,随着变形的进行,成形力增大,属于弹性变形阶段;其次,位移继续增加,变形继续,但是成形力并没有明显变化,进入稳定变形阶段;最后,位移继续增加,当弯曲件与下模贴合后,成形力急剧增加,进入保压阶段,直至弯曲过程结束。由图 3-21 可知,和室温弯曲相比,当有脉冲电流作用时,弹性变形阶段变短,稳定变形阶段的成形力明显降低。随着有效电流不断增大,弹性变形阶段越短,成形力降低越明显。当有效电流密度为 38.67 A/mm² 时,稳定变形阶段的成形力为 568 N,相比于室温下弯曲的 1 114 N,成形力降低了 49.01%,这有助于生产中减

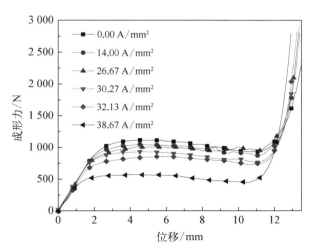

图 3-21　不同有效电流密度下 V 形弯曲成形力和位移的关系
　　　　曲线(脉冲频率 200 Hz)

少能耗,降低成本。

2) 电流密度对材料成形质量的影响

TC4 钛合金在不同有效电流密度下电塑性弯曲试样的成形质量如表 3 - 6 所示。TC4 钛合金在室温和有效电流密度为 14.00 A/mm^2 时,弯曲试样表面质量对比如图 3 - 22 所示。在室温下,弯曲 TC4 钛合金试样在 V 形折弯区域严重破裂,裂纹深且长,表面质量差。而当通入有效电流密度为 14.00 A/mm^2 的脉冲电流时,V 形弯曲后试样表面无裂纹,成形质量良好,表面光滑。这是因为通电脉冲可以有效提高材料的延伸率和降低屈服强度,从而有效避免形成裂纹,提高弯曲成形质量。

表 3 - 6　不同有效电流密度条件下电塑性弯曲试样的成形质量

折弯试样	电压/V	频率/Hz	有效电流密度 /(A/mm^2)	工件质量	折弯后角度/°	回弹角度/°
A	0	0	—	严重破裂	—	—
B	10	200	2.37	破裂	—	—
C	30	200	9.17	微裂纹	—	—
D	40	200	14.00	无裂纹	104.1	14.1
E	60	200	20.00	无裂纹	103.7	13.7
F	80	200	26.67	无裂纹	102.6	12.6
G	90	200	30.27	无裂纹	101.5	11.5
H	100	200	32.13	无裂纹	100.5	10.5
I	120	200	38.67	无裂纹	97.4	7.4

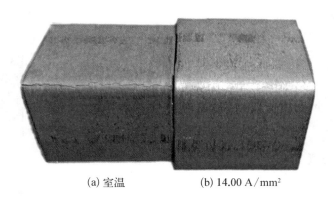

(a) 室温　　　　　　　(b) 14.00 A/mm^2

图 3 - 22　室温和 14.00 A/mm^2 时弯曲试样表面质量对比

3）电流密度对弯曲件回弹角的影响

当有效电流密度为 14.00 A/mm² 时,弯曲试样虽无裂纹,但回弹角较大,回弹角为 14.1°。继续增大电流密度进行电塑性 V 形弯曲的试验,来研究电流密度变化对回弹角的影响,实验结果如图 3-23 所示。随着有效电流密度的不断增大,回弹角不断减小,当电流密度为 38.67 A/mm² 时,回弹角为 7.4°。与电流密度为 14.00 A/mm² 时的试样相比,回弹角减小了为 47.5%。

图 3-24 所示为电流密度为 14.00 A/mm² 和 38.67 A/mm² 的回弹角的实物对比图。

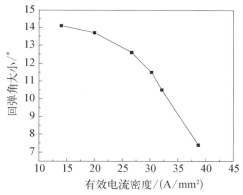

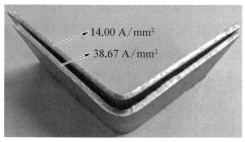

图 3-23　不同电流密度下电塑性 V 形弯曲试样回弹角的比较(脉冲频率 200 Hz)

图 3-24　电流密度为 14.00 A/mm² 和 38.67 A/mm² 的回弹角的实物对比图

在弯曲过程中脉冲电流可以有效降低 TC4 钛合金的屈服强度和加工硬化,而小的屈服强度和加工硬化可以减小回弹。因此,脉冲电流有效提高材料的变形性能,减小材料的回弹角。同时,有效电流密度越大,TC4 钛合金的屈服强度越小,加工硬化越不明显,所以随着有效密度的增大,回弹角不断减小。

3.2.2.2　脉冲频率对 TC4 钛合金 V 形弯曲性能的影响

TC4 钛合金不同频率条件下电塑性 V 形折弯试样成形质量和成形力与位移的关系曲线分别如表 3-7 和图 3-25 所示。无论电源电压为 80 V 还是 100 V,随着脉冲频率的增大,稳定阶段成形力都不断降低。结果表明,提高脉冲频率,同样可以降低弯曲变形所需要的载荷。这是因为在同一电源电压下峰值电流密度一样,但是随着脉冲频率的增大,有效电流密度不断增大,电塑性效应越来越明显。

表 3-7   不同频率条件下电塑性折弯试样成形质量

电压 /V	频率 /Hz	峰值电流 密度/(A/mm²)	有效电流密度 /(A/mm²)	工件质量	折弯后角度 /°	回弹角度 /°
80	200	362.67	26.67	无裂纹	102.6	12.6
80	300	362.67	31.20	无裂纹	101.8	11.8
80	400	362.67	34.00	无裂纹	101.2	11.2
80	500	362.67	37.07	无裂纹	100.7	10.7
100	200	445.33	32.13	无裂纹	100.5	10.5
100	300	445.33	38.67	无裂纹	99.1	9.1
100	400	445.33	42.00	无裂纹	98	8.0
100	500	445.33	46.13	无裂纹	97.2	7.2

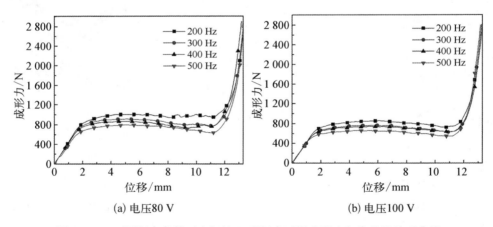

图 3-25   不同频率条件下电塑性 V 形折弯试样成形力与位移的关系曲线

TC4 钛合金在脉冲电流的作用下,其延伸率和弯曲性能的提高主要归功于焦耳热效应和纯电塑性效应。其中,纯电塑性效应[8]指漂移电子对位错产生力的作用——"电子风"力,降低位错运动所需的驱动力。因为漂移电子的作用力和电流密度成正比,一方面,随着有效电流密度的增大,纯电塑性作用更强;另一方面,随着电流密度的增大,温度升高,焦耳热效应增强,所以材料出现软化现象并且位错缠结和位错密度明显降低,导致材料的延伸率增大,应力和屈服强度减小。在折弯过程中,脉冲电流能够有效提高 TC4 钛合金试样的成形质量,降低回弹和成形力,并且随着有效电流密度的提高,弯曲性能提高越明显。

3.2.3　SUS304 不锈钢 V 形弯曲

通过 SUS304 奥氏体不锈钢的 90°V 形弯曲实验,测定电塑性折弯时电流密度对材料的成形力,以及折弯件的回弹影响规律,并阐述了电塑性折弯微观机理。

3.2.3.1　脉冲电流对材料成形力的影响

实验板材切割成 50 mm×20 mm 的矩形试样,折弯半径为 1 mm,折弯角度为 90°,下压速率为 10.5 mm/min。通过设置压下位移和回车条件来保证工件的压下量相同。实验中的频率定为 200 Hz,在不同电流密度下实验参数(电压、有效电流密度以及最大载荷)如表 3-8 所示。

表 3-8　在不同电流密度下实验参数

电压/V	频率/Hz	有效电流密度/(A/mm^2)	最大载荷/N
0	200	0	484.3
50	200	9.9	389.8
70	200	13.9	342.8
90	200	18.0	277.9
110	200	22.4	215.9

从表 3-8 中可以看出,在室温情况下,折弯过程中的最大载荷为 484.3 N。当电流密度为 9.9 A/mm^2 时,最大载荷变为 389.8 N,下降了 19.5%。当电流密度增大时,最大载荷进一步减小,折弯过程中的最大载荷随着电压和有效电流密度的增加而减小。当电流密度达到 22.4 A/mm^2 时,最大载荷仅有 215.9 N,此时载荷下降了 48.4%。这说明在折弯过程中通入脉冲电流,可以有效地降低载荷。

图 3-26 为不同电流密度下的折弯

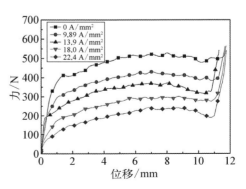

图 3-26　不同电流密度下的折弯
位移载荷曲线

位移载荷曲线。从图 3-26 中可以看出,当凸模刚接触到板料时,载荷急剧增加到一定值后趋于平稳。在折弯角度接近 90°时,载荷有所下降。在最后的贴合阶段,由于凹模是 90°的 V 形槽,形状固定,因此载荷急剧增加,成形结束。从曲线的走势可以看出,在压下量一定时,电流密度越大,所需的成形力越小。

折弯所消耗的机械能可以用图 3-26 中曲线和位移坐标轴所围成的面积来计算。经计算,当施加电流密度为 22.4 A/mm² 的电流时,比不加电时可以节省 58.6% 的机械功。电塑性折弯时,消耗的能量 E_{total} 可以表示为:

$$E_{tatal} = E_{mec} + E_{ele} \qquad (3-1)$$

式中:E_{mec} 是所消耗的机械功,E_{ele} 是折弯过程中电源提供的能量。

与常规折弯相比,电塑性折弯可以减小机械功的消耗,但同时由于电流的引入,因此不可避免地消耗额外的电能。以电流密度 22.4 A/mm² 为例,虽然可以节省 58.6% 的机械功,但由于电能的消耗,使电塑性在拉伸过程中所节省的总能量小于 58.6%。甚至当电能的消耗大到一定程度时,会出现电塑性拉伸比普通拉伸更耗费能量的情况。电塑性成形过程消耗电能的定量精确计算将有助于说明总能量消耗节省与否,这点将在未来的工作中继续探究。虽然电塑性折弯过程中的总能量消耗有待具体计算,但所需折弯力大大降低意味着在实际生产中可以降低对压力机的吨位要求,在吨位相对较低的压力机上可以成形传统折弯无法成形的零件,对实际的生产过程有重要意义。

3.2.3.2 脉冲电流对折弯件回弹的影响

1) 90° V 形折弯过程分析

回弹是在板料成形结束后外力卸载,使成形件发生方向性的弹性恢复变形,造成零件尺寸和形状在成形结束时发生变化的现象。回弹现象在板料的冲压成形工艺中十分常见。在拉深、缩口等成形工艺中,由于成形件的形状多为封闭形,不同部位应力-应变状态不同,因此材料的各部分变形相互制约,使回弹很小。但板料在折弯变形过程中,成形件形状一般不封闭,板料外表面承受拉应力。当变形开始时,应力较小,材料发生弹性变形。随着凸模下行,成形件的弯曲角度逐渐变大,所受的应力也随之增大。当内表面所受到的压应力达到材料的初始屈服应力时,内表面附近区域将开始塑性变形。但外表面拉应力向内表面压应力过渡的区域应力较小,特别是中性层附近,远远没达到屈服应力点,这些区域仍处于弹性变形阶段。在板料折弯过程中,在板料厚度方向上应力-应变状态分布的不均匀性,使外力卸载后必然产生回弹。

本实验为 V 形折弯,不同于自由三点折弯,凸凹模的固定角度为 90°,板料成形结束时凸凹模与板料完全贴合。90° V 形折弯成形过程及回弹趋势如图 3 - 27 所示。

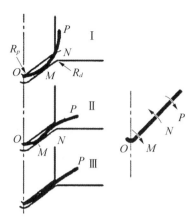

折弯可以分为三个阶段。第一个阶段:当模具下行到 I 状态时,板料与凹模表面有一个接触支撑点 M。随着变形的进行,M 点将沿着凹模内表面向下滑动。第二个阶段:如图 3 - 27 中位置 II 所示,当凸模继续下行时,板料所受的力越来越大,板料底部的折弯半径越来越小,逐渐与凸模贴合。板料上接触支撑点之外的部位将开始反向弯曲。O 点(凸模底部接触点)、M

图 3 - 27　90° V 形折弯成形过程及回弹趋势[9]

点(接触支撑点)、N 点(凸模边缘接触点)三个点使板料弯曲成三段弧($\overset{\frown}{OM}$,$\overset{\frown}{MN}$,$\overset{\frown}{NP}$),板料成 S 形。第三个阶段:弧 $\overset{\frown}{OM}$ 段和弧 $\overset{\frown}{NP}$ 段向靠近凸模的方向弯曲,弧 $\overset{\frown}{MN}$ 段向凹模的方向弯曲,行程结束时,弧 $\overset{\frown}{OM}$ 段和弧 $\overset{\frown}{MN}$ 段与凸凹模紧密贴合,如图 3 - 27 中 III 位置。类似地,当凸模回程后,外力卸载,弧 $\overset{\frown}{OM}$ 段和弧 $\overset{\frown}{NP}$ 段产生向凹模方向张开的弹性回复,而弧 $\overset{\frown}{MN}$ 段产生向凸模方向的弹性回复。成形件的几何形状受三段弹性回复的综合影响。此时,材料的回弹可以用下式表示:

$$R = R_{\overset{\frown}{MN}} - R_{\overset{\frown}{OM}} - R_{\overset{\frown}{NP}} \tag{3-2}$$

式中:R 是工件的最终回弹量;$R_{\overset{\frown}{MN}}$、$R_{\overset{\frown}{OM}}$、$R_{\overset{\frown}{NP}}$ 分别是 $\overset{\frown}{MN}$、$\overset{\frown}{OM}$、$\overset{\frown}{NP}$ 三个弧形段的回弹。

当 $R > 0$ 时,卸载后板料的弯曲角度大于 90°,板料将产生正回弹;当 $R < 0$ 时,板料的弯曲角度小于 90°,此时回弹角为负值。

2)电塑性折弯实验结果与分析

实验中试样尺寸为 50 mm × 20 mm,分为折弯角平行于轧制方向与垂直于轧制方向两组,电塑性折弯过程中弯曲试样在模具中具体放置方法如图 3 - 28 所示。

电塑性折弯件的实验实物图如图 3 - 29 所示。试样 A 为电流密度为 22.4 A/mm² 时平行于轧制方向的试样;试样 B 为不通电时平行于轧制方向的试样;试样 C 为电流密度为 22.4 A/mm² 时垂直于轧制方向的试样;试样 D 为

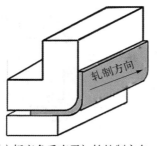
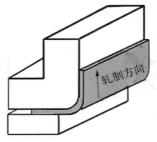

(a) 折弯角垂直于初始轧制方向　　　　(b) 折弯角平行于初始轧制方向

图 3-28　弯曲试样在模具中具体放置方法[10]

不通电时垂直于轧制方向的试样。从图 3-29 可以看出：试样 A 和试样 C 的角度接近 90°，明显小于试样 B 和试样 D 的角度。这说明当通入脉冲电流，可以使折弯件的回弹角度明显减小。

图 3-30 为平行于轧制方向和垂直于轧制方向的板料 90°V 形弯曲的折弯回弹角和电流密度的关系。从图 3-30 中可以看出，所有的回弹都是正值，说明 $R>0$，材料发生正回弹。当折弯过程中没有通入电流时，平行于轧制方向的板料折弯后的回弹角为 7.6°，垂直于轧制方向上的回弹角略大，为 8.2°。而当通入电流密度为 9.9 A/mm^2 的电流时，这两种情况的回弹角下降到 4.3° 和 5.8°。随着电流密度的增大，回弹角进一步减小，当电流密度为 22.4 A/mm^2 时，平行于轧制方向的板料折弯后的回弹角弯曲消失，垂直于轧制方向上的回弹角还有 1.2°。结果表明，在 90°V 形弯曲件成形过程中，通入电流可以使成形件的回弹减小，在电流密度达到一定值时甚至可以完全消除回弹。另外，垂直于轧制方向上的试样比平行于轧制方向试样的回弹角更大。

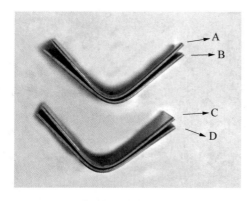

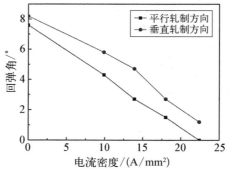

图 3-29　折弯件的实验实物图　　　　　图 3-30　折弯回弹角和电流密度的关系

从图 3-30 可以看出,回弹角度随电流密度下降的趋势近似于线性的,可以用公式来表示回弹角和电流密度之间的定量关系,形式为:

$$S_A = a + bC_d \tag{3-3}$$

式中:S_A 是回弹角度;a 和 b 是相关系数;C_d 是电流密度。

经过 Origin 线性拟合,平行于轧制方向的回弹角与电流密度之间的关系为:

$$S_A = 7.95 - 0.34C_d \tag{3-4}$$

垂直于轧制方向的回弹角与电流密度之间的关系为:

$$S_A = 8.55 - 0.31C_d \tag{3-5}$$

从结果可以看出,这两种情况的斜率相近,而垂直轧制方向的板料不加电时的回弹角更大,平行于轧制方向时的板料回弹角随着电流密度的增大下降的稍快。折弯回弹的拟合结果如图 3-31 所示。

从图 3-31 中可以看出:线性拟合的结果较好;特别是当平行于轧制方向时,数据点基本都在拟合直线上,偏差很小。这说明式(3-3)可以较为理想地描述电流密度对材料回弹的影响。

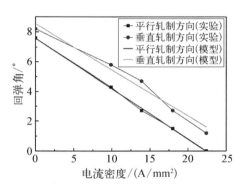

图 3-31　折弯回弹的拟合结果图

当折弯角和轧制方向的角度不同时,产生回弹值不同的原因为:一般材料都是各向异性材料,本实验中所用的冷轧不锈钢板在不同的轧制方向上材料的性能会有差别。沿与轧制方向呈不同角度上的延伸率、屈服强度、硬化系数以及厚度方向上的异性指数必然是不一样的。所以,在不同轧制方向上的试样卸载后所产生的残余应力不同,所产生的回弹角度大小也不完全相同。

3.2.3.3　电塑性折弯机理分析

在电塑性折弯过程中,板料与模具的接触点和接触面积随着变形的进行是不断变化的,所以变形过程中流经板料的电流也是变化的。板料的变形主要集中在与凸模接触的角底部,两端的应变几乎为 0,所以脉冲电流的影响区主要在 90°弯角附近。电流产生的焦耳热效应会使工件的温度升高,但由于凸凹模体积较大,脉冲电流在工件上产生的焦耳热迅速传导给模具,使折弯件温升较小。在本实验中,和不通电时的折弯过程相比,电塑性折弯时脉冲电流流经工件,对材料的力学性能和微观组织产生影响,进而影响折弯过程中的载荷和成形件的回弹角度。

在不加电的情况下,SUS304 奥氏体不锈钢 90°V 形折弯的回弹在 10°以下。这是由于一方面,本实验中的凸模圆角半径为 1 mm,对于同种材料而言,小的凸模圆角半径会使材料的回弹减小;另一方面,SUS304 奥氏体不锈钢的初始屈服强度较小,为 286.8 MPa。一般说来,材料的初始屈服应力和硬化系数越大,在相同的变形水平下,材料内能够产生的应力越大。在变形过程中的弹性变形 x_e、应力 S 与弹性模量 E 的关系为:

$$x_e = \frac{S}{E} \tag{3-6}$$

从式(3-6)可以看出:当弹性模量一定时,材料达到的应力水平越大,在变形过程中的弹性变形量越多;当应力水平一定时,材料的弹性模量越大,在变形过程中累积的弹性变形量越大,外力去除后的回弹也越大。综合以上两个方面,SUS304 奥氏体不锈钢在室温时的回弹角相对较小。

由前文电塑性拉伸实验结果可知,电流可以使材料内部的位错密度降低,进而使材料的流动应力下降,初始屈服应力减小;从电塑性拉伸的流动应力的趋势可知,电流使材料的抗拉强度降低,硬化系数也有所减小。这使得在折弯过程中材料内部所产生的应力减小,积累的弹性变形降低,回弹相应减小。电流密度越大,初始屈服应力和硬化系数越小,电塑性折弯的回弹就越小。

3.2.4　DP980 高强钢 V 形弯曲

3.2.4.1　电塑性 V 形弯曲实验方案

实验在 CMT4000 系列微机控制电子万能试验机上进行,使用 THDM-I 型专用高能脉冲电源提供电流。材料采用宝钢生产的 DP980 高强钢板,牌厚度为 1.4 mm。实验准备了长度为 50 mm,宽度分别为 10 mm、15 mm、20 mm 的三种试样,如图 3-32 所示。

电源可调的脉冲电流参数是通电电压和电流频率,针对每种试样采用若干组电参数进行电塑性弯曲实验。在实验中,首先,放上弯曲试样;其次,手动调节试验机,使冲头与试样刚好接

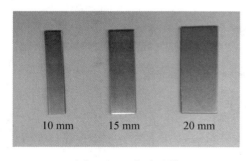

图 3-32　实验试样

触;最后设置好电源参数,并通电。试验机采用位移控制,冲头下行速度为20 mm/min,下行至目标位置停止,由试验机记录力和位移的关系曲线,使用万能角度尺测量弯曲后试样的回弹角。

3.2.4.2　回弹实验结果及讨论

图 3 - 33 为一组冷弯后的试样与通电弯曲试样的对比图。从图 3 - 33 中可以看出,DP980 高强钢冷弯时回弹严重,通电弯曲回弹角明显减小。

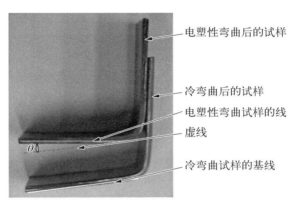

电塑性弯曲后的试样

冷弯曲后的试样
电塑性弯曲试样的线
虚线

冷弯曲试样的基线

图 3 - 33　冷弯后的试样与通电弯曲试样的对比图

在不同实验条件下测量结果如表 3 - 9 所示。结果表明,对于 DP980 高强钢,在弯曲过程中引入脉冲电流,可以明显控制回弹。同时发现,在不同的电参数下,回弹角的减小程度也不同。其主要原因是,在脉冲电流的作用下,材料由于电塑性效应,性能发生了变化,抗拉强度下降,塑性增强,残余应力减小,最终导致回弹时的弯矩减小,减小回弹;而且回弹的减小效果随着电参数的变化会有明显的变化。下面以冷弯时的回弹角为参考,计算通电弯曲时的回弹角相对冷弯时回弹角的减少量百分比,并以此作为衡量脉冲电流对回弹角的影响的标准,具体分析电参数对回弹角的影响。

表 3 - 9　在不同实验条件下回弹角测量结果

测量结果 板宽/mm	通电电压/V	电流频率/Hz	回弹角/°	板宽/mm	通电电压/V	电流频率/Hz	回弹角/°
10	0	0	8.0	15	0	0	9.5
	100	150	7.8		100	200	9.0

（续表）

测量结果 板宽/mm	通电电 压/V	电流频 率/Hz	回弹角/°	板宽/mm	通电电 压/V	电流频 率/Hz	回弹角/°
10	100	200	6.0	15	100	300	8.5
	100	250	4.6		100	400	6.9
	100	300	2.5		100	500	5.5
	120	150	5.2		120	200	8.0
	120	200	4.5		120	300	6.3
	120	250	4.0		120	400	5.5
	120	300	2.0		120	500	4.0
	140	150	4.5		140	200	5.5
	140	200	3.5		140	300	4.9
	140	250	1.2		140	400	3.5
	140	300	0.0		140	500	1.9
20	0	0	10.0	20	120	400	7.8
	100	200	9.5		120	500	7.2
	100	300	9.2		140	200	8.7
	100	400	8.9		140	300	7.9
	100	500	8.5		140	400	7.3
	120	200	9.1		140	500	6.9
	120	300	8.5				

1) 通电电压的影响

从表 3 - 9 中可以发现,在同一电流频率下,回弹角随通电电压变化会发生明显变化。具体情况如图 3 - 34 所示。

图 3 - 34 反映了三种试样分别在不同脉冲频率下,回弹减少的百分比随通

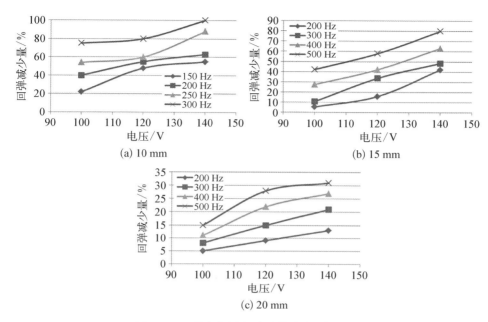

图 3-34　通电电压电对回弹减少量的影响

电电压的变化曲线。可以看出,随着通电电压的增加,试样的回弹减少量呈上升趋势,且趋势较为明显。说明增加通电电压有利于消除回弹。研究表明[11],在高能通电脉冲的作用下,试样内部自由电子将沿电场方向做高速运动,从而对位错产生冲击力,即电子风力。Klimov 等[12]的研究表明,脉冲电流对单位长度位错上的作用力与电流密度成正比。因此增大通电电压,将增大电流,使电流密度加大,从而产生更大的电子风力。这样增强位错的运动能量,促使受阻位错塞积群的开通,将促进材料内部微观结构通过塑性变形的形式释放残余应力,改善应力分布;同时焦耳热效应也会增强,使金属材料更加软化,从而能够更好地抑制回弹。

2) 电流频率的影响

从表 3-9 中可以发现,在同一通电电压下,回弹角随电流频率变化会发生明显变化。具体情况如图 3-35 所示。

图 3-35 是三种试样分别在不同通电电压下,回弹减少的百分比随电流频率的变化曲线。可以看出,随着通电电压的增加,试样的回弹减少量呈上升趋势,且趋势较为明显。说明提高脉冲频率有利于消除回弹。原因是当脉冲频率越高时,引入试样的脉冲电流的能量越集中,残余应力的消除率也会随着增大,

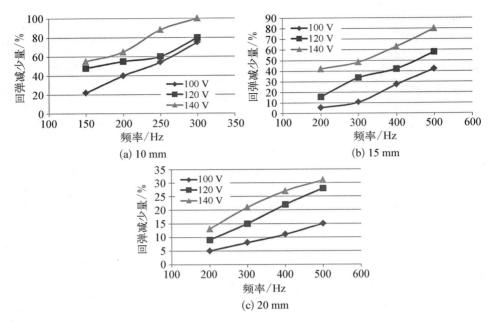

(a) 10 mm

(b) 15 mm

(c) 20 mm

图 3-35 电流频率对回弹减少量的影响

从而更好地抑制回弹。

3）不同板料宽度的结果对比

本次实验中，三种板料宽度的试样共同使用过六组相同的电参数，具体情况如图 3-36 所示。

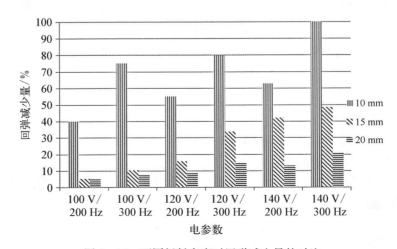

图 3-36 不同板料宽度对回弹减少量的对比

从图 3-36 中可以明显发现,脉冲电流对于 10 mm 宽的试样回弹消除作用最大,其次是 15 mm 宽的试样,对于 20 mm 宽的试样回弹的消除效果最小。造成这一现象大致有三个原因:

(1) 对于同样的电参数,宽度越小,电流密度越大,电塑性效应更明显。

(2) 宽度越小,电阻越大,焦耳热效应更加明显。

(3) 宽度越小,板料的应力状态从平面应变状态越接近平面应力状态,导致屈服应力减小。

这一结果验证了电流密度对回弹的影响规律,也说明如将电塑性冲压技术用于生产实践,则板料的尺寸不宜太大,否则改善作用不明显。

4) 冷弯后通电结果对比

为了与弯曲时通电的效果进行比较,进行了冷弯后通电的实验。实验方案和结果如表 3-10 所示。实验采用的电流参数是:通电电压 $U=140$ V,电流频率 $f=500$ Hz,分别通电处理 1 min、2 min、3 min。用脉冲电流处理冷弯后试样的回弹减少量实验结果如图 3-37 所示。

表 3-10　冷弯后通电的实验方案和结果

试样宽度 /mm	脉冲时间/min	回弹角/°	回弹角减少率/%
10	0	8	0.0
	1	5	38
	2	4.3	46
	3	3.5	56
15	0	9.5	0.0
	1	7	26
	2	6.3	34
	3	6	37
20	0	10	0.0
	1	8.1	19
	2	7.8	22
	3	7.4	26

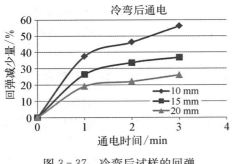

图 3 - 37　冷弯后试样的回弹
减少量实验结果

从图 3 - 37 中可以明显发现,冷弯后通电同样可以减小回弹,而且随着通电时间的增加,回弹减少越多;同时,宽度越小,回弹控制的结果越好。这与弯曲时通电的规律相同。此外,对比之前结果可以发现,使用同样电参数,弯曲时通电较冷弯结束后通电,更加能够减少回弹。在生产实践中,可采用通电弯曲完成后,继续保持通电一段时间,将更能有效抑制回弹。

3.2.4.3　弯曲力实验结果及讨论

DP980 高强钢板由于强度高,冲压成形时所需的成形力大,为了研究脉冲电流对 DP980 高强钢弯曲成形力的影响,在冲头开始下行时,由试验机记录力与位移关系的曲线。

1) 通电电压的影响

10 mm 宽试样在同一频率不同电压下弯曲力实验结果如图 3 - 38 所示,15 mm 宽试样在同一频率不同电压下弯曲力实验结果如图 3 - 39 所示,20 mm 宽试样在同一频率不同电压下弯曲力实验结果如图 3 - 40 所示。

从图 3 - 38、图 3 - 39、图 3 - 40 中可以看出,无论是对于宽度 10 mm、15 mm 还是 20 mm 的试样,引入脉冲电流,都可以有效降低弯曲力,对于同一电流频率 f,增大通电电压 U,更能够降低弯曲力。同时发现,当电流频率 f 较低时,增大通电电压对于降低弯曲力的效果更不明显;当电流频率 f 较高时,效果更加明显。对于 10 mm 宽的试样,脉冲电流对降低弯曲力的作用更加明显,通电电压的变化对弯曲力的影响也更加明显,随着试样宽度的增加,这种规律更加不明显。可以认为,增大通电电压或者减小试样宽度,都增加了电流密度,所以电塑性效应更加明显,使 DP980 高强钢板的软化作用更加明显,从而降低弯曲力。

2) 电流频率的影响

10 mm 宽试样在同一电压不同频率下弯曲力实验结果如图 3 - 41 所示,15 mm 宽试样在同一电压不同频率下弯曲力实验结果如图 3 - 42 所示,20 mm 宽试样在同一电压不同频率下弯曲力实验结果如图 3 - 43 所示。

从图 3 - 41、图 3 - 42、图 3 - 43 中可以看出,基本上,对于同一电流频率 f,

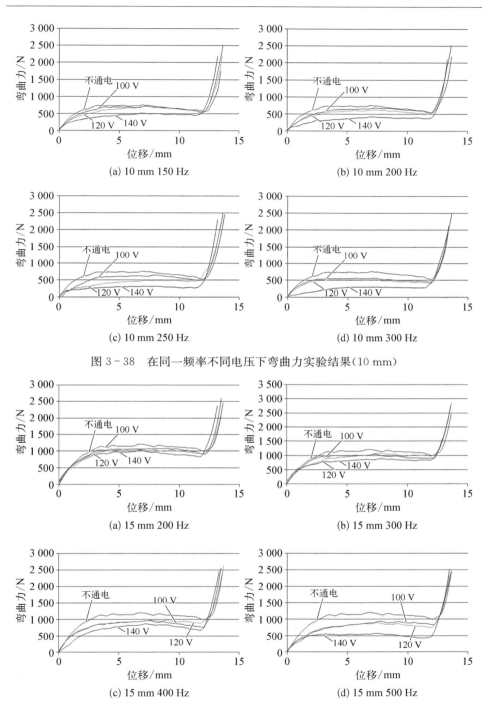

图 3-38　在同一频率不同电压下弯曲力实验结果（10 mm）

图 3-39　在同一频率不同电压下弯曲力实验结果（15 mm）

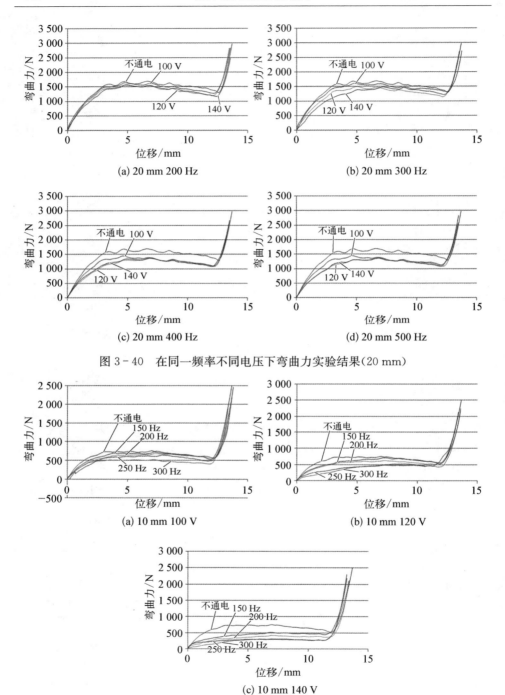

图 3-40 在同一频率不同电压下弯曲力实验结果(20 mm)

图 3-41 在同一电压不同频率下弯曲力实验结果(10 mm)

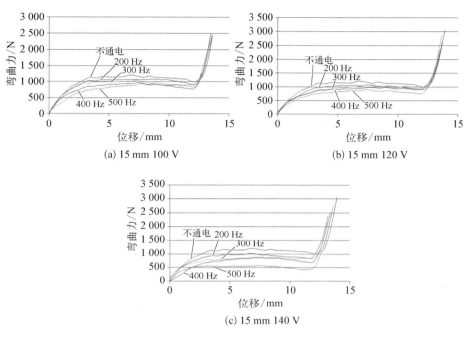

图 3 - 42 在同一电压不同频率下弯曲力实验结果(15 mm)

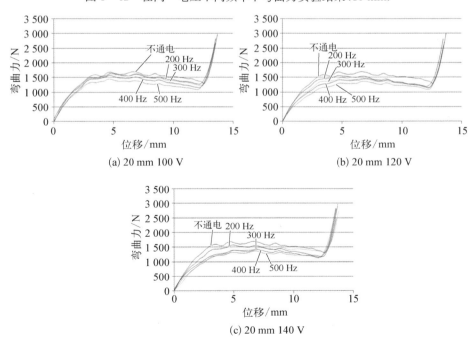

图 3 - 43 在同一电压不同频率下弯曲力实验结果(20 mm)

增大通电电压 U，能够降低弯曲力。可以认为，增大电流频率，能够使电塑性效应更加明显，同时 DP980 高强钢板的软化作用更加明显，从而降低弯曲力。

从弯曲力实验结果可以发现，宽度越小，脉冲电流对弯曲力的降低作用更加明显。

3.3　电致塑性渐进成形

本节将阐述电致塑性加热板料数控渐进成形技术的基本原理，并详细讨论基于单点板料渐进成形技术和双面板料渐进成形技术的电致塑性加热系统的设计与开发。以 1.4 mm 厚度的 AZ31B 镁合金为对象，研究室温下采用不同加工方式时材料的成形能力。此外，通过综合考虑 AZ31B 镁合金在不同应变速率、温度条件下的变形能力并结合成形后零件的表面质量，提出电致塑性加热板料数控渐进成形中加工温度选择的流程和思路，并进一步研究电辅助加热板料数控渐进成形中零件表面质量和几何精度的改善策略。

3.3.1　基本原理及系统开发

3.3.1.1　基本原理

在电辅助成形过程中主要存在着焦耳热效应和电诱发塑性效应。目前，几乎所有关于电辅助加热板料数控渐进成形研究的基本原理都是利用了电流的焦耳热效应。当电流通过由板料和成形工具以及其他部件所构成的回路时，输入板料的热量主要由三部分组成：板料自阻热 W_b、接触电阻热 W_c 以及成形工具与板料之间的热交换 W_{tool}。

根据焦耳定律可知，由板料自身电阻所产生的热量 W_b 可以表示为：

$$W_b = I^2 R_b t \tag{3-7}$$

式中：I 是通过局部变形区的电流；R_b 是局部变形区板料的自身电阻；t 是对该局部变形区通电的时间。R_b 主要与成形温度、板料厚度、成形角、下压量和成形工具头半径有关：

$$R_b = R(T)\frac{\delta}{S} \tag{3-8}$$

式中：$R(T)$ 是板料的电阻率（与温度相关）；δ 是局部变形区板料的平均厚度；S 是成形工具与板料的接触面积。一般来说，随着温度的升高，材料的电阻率呈现出增长的趋势。

类似地，可以得到接触电阻热 W_b 的表达式：

$$W_c = I^2 R_c t \tag{3-9}$$

式中：R_c 是板料与成形工具接触界面处的电阻。

接触电阻产生的主要原因如下：一方面，由于实际中任何导体表面都不是平的，因此在两导体的接触界面上只能建立点接触的物理连接，使导电面积减少；带电粒子在电场作用下运动、碰撞使得电流发生弯曲，增加了导电路径，进而增加了两接触面间的电阻。另一方面，接触界面上存在的油污或其他物质具有较大的电阻率；对于性质较为活泼的金属，在电辅助渐进成形过程中由于受到高温循环加载的作用，容易与环境中的氧、氢和氮等气体发生反应，在板料表面生成致密的膜结构，造成电阻的上升。材料在室温下的接触电阻可以用式（3-10）表示：

$$R_c = r_c F^{-m} \tag{3-10}$$

式中：r_c 是与材料性质和表面状态有关的系数；F 是接触面上所承受的压力；m 是与材料性质和表面状态有关的系数，一般在 $0.5 \sim 1$ 范围内取值。

若考虑温度对接触电阻的影响，则有以下关系[13]：

$$R_c(T) = R_c(T_0) \sqrt{\frac{H(T)}{H(T_0)}} \tag{3-11}$$

式中：$R_c(T)$ 和 $R_c(T_0)$ 分别是在温度 T 和温度 T_0 时的接触电阻；$H(T)$ 和 $H(T_0)$ 分别是在温度 T 和温度 T_0 时的材料硬度；T_0 是室温。由此可见，在电辅助加热板料数控渐进成形中，接触电阻 R_c 不仅与成形温度、板料厚度、成形角、下压量和成形工具头半径有关，同时还与接触区域的压力和表面状态密不可分。

此外，在电辅助加热板料数控渐进成形中成形区域是在动态变化的，然而作为电极的一端的成形工具始终处于通电加热状态，产生大量的焦耳热，见式（3-12），这些热量会通过热传导的方式输入给板料。

$$W_{tool} = k I^2 R_{tool} t_{tool} \tag{3-12}$$

式中：k 是热传导率；R_{tool} 是成形工具电阻；t_{tool} 是电流作用于成形工具上的时间，即整个加工成形的总时间。在加工某一局部区域时，电流通过板料的时间 t

远远小于电流作用在成形工具上的时间 t_{tool}。因此，可以预见随着加工过程的进行，成形工具的温度总会大于板料的温度并对板料提供热量。

综上所述，若不考虑板料与外界环境的其他热交换行为，则在电辅助加热板料渐进成形中板料接收到的总热量 W_{total} 可以表示为

$$W_{\text{total}} = W_b + W_c + W_{\text{tool}} \tag{3-13}$$

3.3.1.2　电流加载及控制方式

电流在板料数控渐进成形中的加载方式如图 3-44 所示。在单点板料渐进成形中，为了实现动态加热的目的，通常将电源的一极与成形工具相连，而另一极则通过接线柱与压板连接，如图 3-44(a) 所示。而在双面板料数控渐进成形中，电流加载的方式随着工具数量的增加也变得更为多样化，如图 3-44(b) 所示。方式(a) 是仿照在电辅助单点板料渐进成形中的加载方式，选择成形工具或支撑工具作为电极之一。方式(b) 则是将电源的两极分别与成形工具和支撑工具相连构成回路。

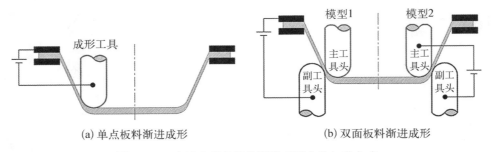

(a) 单点板料渐进成形　　　　　(b) 双面板料渐进成形

图 3-44　电流在板料数控渐进成形中的加载方式

一般来说，对于电流的控制方式，主要有电流控制和电压控制两种。范国强[14]在其博士论文中进行了讨论。在电流控制方式下，电流所产生的热量始终处于加速上升的状态。在理想情况下，板料与外部环境的热交换会使系统达到热平衡状态，此时板料的温度不再升高。该方式加热速度快且不用考虑夹具拆装时对电流回路的影响，快捷方便。而在电压控制方式下，随着温度的升高，整个回路系统的电阻增大，产生的热量逐渐减小，升温趋势较为缓慢。并且该方式不易精确控制，夹具拆卸等因素都会影响整个回路中电压的分配。综合比较两种控制方式的特点，为了更为方便迅速地加热板料，本章中的所有实验都采用电流控制的方式。此外，在实际操作中通过红外线热像仪监测和手动微调输入电流的方式来达到所设定的目标成形温度。

3.3.1.3　系统设计与开发

基于电辅助加热板料数控渐进成形技术的基本原理及采用的电流加载方式,自主开发了适用于单点/双面板料数控渐进成形技术与电辅助加热技术相结合的加工系统,如图 3-45 所示。本节主要从单点/双面板料数控渐进成形系统、电源、成形工具、温度测量、润滑剂和工具轨迹这六个方面对所开发的系统进行详细介绍。

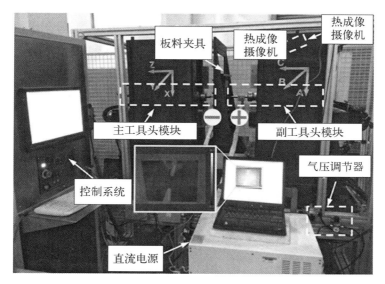

图 3-45　电辅助加热单点/双面板料数控渐进成形试验系统

1) 单点/双面板料数控渐进成形系统的设备

作者所开发的卧式单点/双面板料数控渐进成形(double side incremental sheet forming, DSIF)系统是电辅助加热单点/双面板料数控渐进成形试验系统的核心。虽然,在本质上该设备是专门为双面板料数控渐进成形技术而开发设计的,但当运动单元Ⅱ处于待机状态而运动单元Ⅰ被激活时,该设备可以退化为普通的卧式单点板料数控渐进成形(single point incremental sheet forming, SPIF)机。成形工具和支撑工具分别装夹于主动和从动工具单元,而主动和从动工具单元又与运动单元Ⅰ和运动单元Ⅱ装配在一起。依靠一系列的直线导轨和电动机,通过运动单元Ⅰ和运动单元Ⅱ实现成形工具和支撑工具在 X、Y、Z 方向和 A、B、C 方向的平动。两工具在控制系统的控制下根据预先定义的轨迹进行同步运动。额定的最高工具进给速度为 2 000 mm/min。一个用于夹持板料的主支架固定于两运动单元之间,提供最大为 500 mm×500 mm 的加工空间;两根调节横梁和子框架与主支架的配合使用可以将加工空间缩小为 150 mm×150 mm。

成形工具在加工过程中不会出现与板料脱离接触的现象,因此仅采用标准的夹头将其安装在主动工具单元上。而对于支撑工具,Malhotra 等[15]在研究中发现其与板料会发生脱离接触的现象。该现象可能是由于回弹和板料厚度减薄造成的,单纯依靠修改工具轨迹很难完全解决这一问题。若在电辅助加热双面板料渐进成形中,采用支撑工具作为电极[见图 3-44(b)],则支撑工具与板料的不接触意味着电流回路处于开路状态,从而无法实现电加热的目的。因此,为了保证支撑工具与板料在整个成形过程中始终保持稳定的接触,本书在从动工具单元一侧安装了背压施加装置,其截面图如图 3-46 所示。

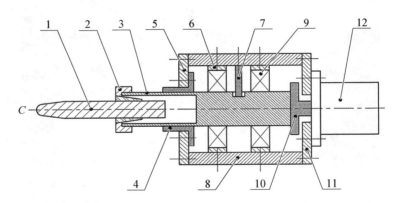

1—支撑工具;2—夹头;3—带有定位槽的筒形工具固定器;4—支撑法兰;
5—前盖板;6—轴承座;7—定位销;8—两端开口的框架;9—轴承;10—顶杆;
11—后盖板;12—空气气缸。
图 3-46 单点/双面板料数控渐进成形设备背压施加装置截面图

首先,支撑工具通过标准夹头固定于筒形工具固定器上。筒形工具固定器安装在一对轴承上,而轴承则通过轴承座与一两端开口的固定框架相连接。筒形工具固定器侧壁的定位槽和定位销的存在,使筒形工具固定器在水平方向上滑动最大可达 10 mm。其次,在最右端后盖板上安装了缸径为 45 mm 的空气气缸,可提供 0.1~1.5 MPa 的压力。最后,在成形之前,将定位销置于定位槽的最左端,此时在 C 轴方向将支撑工具与板料刚接触的位置设定为 C=0 mm。在成形过程中,气缸所输出的压力通过顶杆传递到筒形工具固定器,即使支撑工具沿 C 轴方向始终有朝向板料的相对运动趋势。

2）电源的选择

由于加工过程主要利用的是电流的焦耳热效应,因此输出稳定、响应迅速、可连续调节的直流电源比高频脉冲直流电源或交流电源更为合适。这里采用的是额定输出电流为 0～800 A,额定输出电压为 0～15 V 的大电流低电压直流电源。

3）成形工具的材料选择

在较高温度、长时间的加工过程中,采用普通高速钢制造的成形工具端部容易发生软化,一方面,工具刚度下降,影响成形精度;另一方面,在高压下进一步加剧了工具的磨损。因此,在选择成形工具材料时应考虑选择红硬性好、抗弯强度高、导电导热性能好的材料。本章中所使用的成形工具端部半球直径为 10 mm 的镍基高温合金。

4）温度测量

在电辅助加热板料渐进成形技术的研究中采用红外线热像仪对加工过程中的温度变化进行在线监测。所采用便携式红外线热像仪的型号为 FLIRA615,其温度测量范围和精度分别为 −40～2 000℃ 和 0.1℃。如图 3 - 45 所示,红外线热像仪倾斜固定在支撑工具一侧,监测整个加工区域的温度变化。

5）润滑剂的选择

普通的润滑油或润滑脂容易被挤出高压局部变形区,并且在高温下会发生形态的变化,逐渐失去润滑作用。基于上述考虑,在研究中选择了耐高压、耐高温且具有良好导电能力的防紧蚀铜膏作为板料与成形工具间的润滑剂。

6）工具轨迹

如果在电辅助加热单点板料渐进成形中采用传统的等高线型轨迹,则由于工具轨迹在相邻等高线间是不连续的,所产生的放电现象会破坏成形零件的表面质量,甚至造成零件的非正常破裂,因此研究中无论在单点板料渐进成形还是双面板料渐进成形中都采用螺旋线型工具轨迹。在单点板料渐进成形中可以选择用下压量 ΔZ 或贝壳高度 S_h 来控制相邻螺旋线的间距,其工具轨迹示意图如图 3 - 47 所示。

在双面板料渐进成形中,针对成形工具的轨迹生成算法本质上与用于单点板料渐进成形的轨迹生成算法是

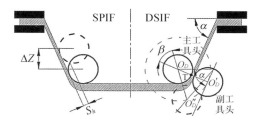

图 3 - 47　用于电辅助加热单点/双面板料数控渐进成形的工具轨迹示意图

一致的。两者最大的不同点在于,在双面板料渐进成形中根据成形工具的轨迹需要确定支撑工具的对应位置,其原理如图 3-47 和式(3-14)所示。

$$d = [r_M + r_S + (1 - C_W)t_0 + C_W s t_0 \cos \alpha] n \qquad (3-14)$$

式中:d 表示成形工具头(O_D 点)与支撑工具头球心(O_D' 点)间的向量;r_M 和 r_S 分别是成形工具头和支撑工具头的半径;t_0 是板料的初始厚度;α 是接触点 T 处所对应的成形角(在 0°～90°之间变化);n 是在接触点 T 处沿板料厚度方向的一标准单位向量;s 是定义的挤压系数($0 < s \leqslant 1$);C_W(等于 1 或 0)决定了工具轨迹生成算法中是否考虑厚度补偿和挤压。

以下分别列出了生成工具轨迹的三种特殊情况:

(1)情况 1:不考虑任何补偿($C_W = 0$)。此时,支撑工具的位置通过式(3-15)计算。

$$d = (r_M + r_S + t_0) n \qquad (3-15)$$

(2)情况 2:仅考虑板料厚度减薄的补偿($C_W = 1$,$s = 1$)。此时,支撑工具的位置通过式(3-16)计算。

$$d = (r_M + r_S + t_0 \cos \alpha) n \qquad (3-16)$$

式中:$t_0 \cos \alpha$ 是通过余弦定理对板料厚度的预测值。

(3)情况 3:在考虑厚度补偿的基础上,进一步对板料施加不同程度的挤压量($C_W = 1$,$0 < s < 1$)。相应地,将式(3-14)改写为式(3-17)的形式来计算支撑工具的位置。

$$d = (r_M + r_S + s t_0 \cos \alpha) n \qquad (3-17)$$

式中:通过 s 确定支撑工具对板料的挤压程度,随着 s 的减小,挤压程度逐渐增加。

为了进一步提升双面板料渐进成形中工具轨迹生成算法的能力,在算法中引入了新的变量——旋转角 β,如图 3-47 所示,其变化范围在 0～α 之间。通过变量 β 可以调整支撑工具的支撑位置,根据下式计算:

$$d_\beta = M_{2\times 2} d \qquad (3-18)$$

式中:d_β 表示成形工具头(O_D 点)与支撑工具头球心(O_D' 点)间的向量;$M_{2\times 2} = \begin{bmatrix} \cos \beta & -\sin \beta \\ \sin \beta & \cos \beta \end{bmatrix}$ 是一标准旋转矩阵,将支撑工具的球心从 O_D' 点调整至 O_D''

点。$O_D O_D'$ 与 $O_D O_D''$ 之间的夹角为 β。

3.3.2　加工方式对材料成形能力的影响

3.3.2.1　室温下的成形能力

通过单点板料渐进成形和双面板料渐进成形的方式加工变角度圆锥形零件，其计算机辅助设计（computer aided design，CAD）模型如图 3 - 48 所示，研究了在室温下 AZ31B 镁合金的成形能力。一般认为，相较于单点板料渐进成形，双面板料渐进成形可以进一步提高板料的成形极限。在两种方式中都采用 0.005 mm 的贝壳高度 S_h 来控制螺旋线型工具轨迹相邻两层的间距。关于双面板料渐进成形的工具轨迹，这里根据式（3 - 16）来计算支撑工具的位置，不考虑挤压系数 s 和旋转角 β 的影响。此外，为了在成形过程中始终保持支撑工具与板料

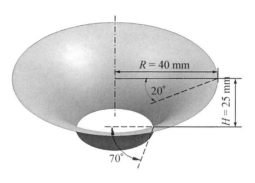

图 3 - 48　在室温下 AZ31B 镁合金成形性的变角度圆锥形零件 CAD 模型

的稳定接触，使用气缸通过支撑工具对板料施加 0.1 MPa 的背压。实验中所使用的都是端部为 10 mm 半球直径的刚性成形工具，进给速度为 800 mm/min。

以最大可成形角和断裂深度作为评价 AZ31B 镁合金的依据，其室温下在单点板料和双面板料渐进成形中成形性对比结果如图 3 - 49 所示。从图 3 - 49 中

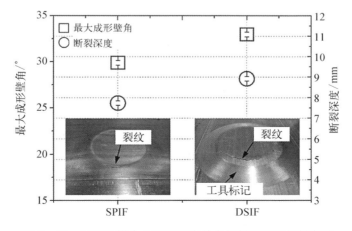

图 3 - 49　AZ31B 镁合金室温下在单点板料和双面板料渐进成形中成形性对比结果

可以发现,AZ31B 镁合金在单点板料渐进成形中的最大可成形角和成形深度分别为 29.9°和 7.744 mm。与其相比,在双面板料渐进成形方式下,材料的成形性的确有所改善,最大可成形角和成形深度分别提高到 33.0°和 8.929 mm。然而,即使是在双面板料渐进成形中,AZ31B 镁合金室温条件下的成形能力仍十分有限,无法满足许多零件的加工要求。

3.3.2.2　电辅助加热条件下的成形能力

由于 AZ31B 镁合金在室温下较差的成形表现,因此可以尝试采用电辅助加热的方法对其进行改善。在保持所有实验条件不变的情况下,采用变角度圆锥形零件,基于图 3-45 中所示的电辅助加热板料数控渐进成形实验系统,保持成形工具进给速度为 800 mm/min,输入电流恒定为 500 A,测试了 AZ31B 镁合金在电辅助加热单点板料渐进成形中的成形能力。在实验中,以成形深度 42 mm(所对应的成形角为 80°左右)为加工目标。结果表明:在电辅助加热条件下,AZ31B 镁合金的成形极限大幅提高,可以成功地加工出所需要的零件深度。加工完成后的零件实物如图 3-50 所示。

图 3-50　电辅助加热单点板料渐进成形中成功加工的零件实物

在恒流控制下,成形初期电流迅速将板料加热到 250℃以上;随后,由于电流流过板料并产生焦耳热,加工温度呈现出持续升高的态势。此外,所获得的加工温度还表现出周期性震荡的现象。这是因为在安装红外线热像仪时并没有空间使其正对加工区域,而是倾斜放置来监测加工区域的温度变化,并且成形工具(热源)具有周期性往复运动的特点。当成形工具(热源)接近红外线热像仪的对焦中心时,温度逐渐升高;反之,所测得的温度逐渐减小。由于所加工的零件是中心对称的,因此可以使用对焦中心的测量结果,即每层所测得的最高温度,来表示该层的实际加工温度。

虽然板料数控渐进成形结合电辅助加热技术确实有效地提高了材料的成形性,但是在恒流控制下温度的持续升高也会带来可能的负面影响,如工具过热、零件表面质量恶化、能量利用效率低等问题。

3.3.2.3　成形温度选择

在 3.3.2.2 节中已经确认了电辅助加热技术在改善 AZ31B 镁合金成形性

方面的能力,本节将着重对给定零件形状(见图 3-51)情况下如何选择合适的加工温度进行探索研究。研究表明,在加热条件下进行塑性加工时,镁合金对应变速率是十分敏感的[16]。因此,首先应该测量在板料渐进成形中,加工如图 3-51 所示零件时应变速率的变化范围。目前,在关于板料数控渐进成形的研究中,尚没有针对在不同工艺参数条件下应变速率范围的报道。其次,根据所测得应变速率范围,进行相应的单向热拉伸实验,以掌握 AZ31B 镁合金在不同温度和应变速率下的变形行为。最后,综合考虑成形零件的表面质量和已有的研究数据,确定了较为合适的成形温度。

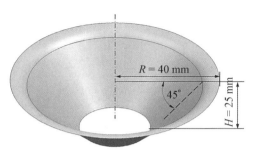

图 3-51　成形角为 45°的圆锥形零件 CAD 模型

1) 应变速率范围估算

AZ31B 镁合金在室温下的变形能力不足以加工图 3-51 中的零件。由于板料的变形模式是相似的,因此可以采用 AA1100 铝合金代替 AZ31B 镁合金来测量板料数控渐进成形过程中的应变速率范围(见图 3-52)。测量区的细节如图 3-52(b)所示,在三处指定位置分别排布 3×3 的参考点阵列用来计算相邻两点间的延伸率,进而获得径向应变。最终用所有径向应变的平均值来分析该成形条件下的应变水平。

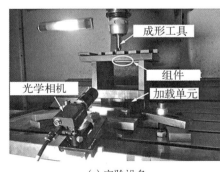

(a) 实验设备

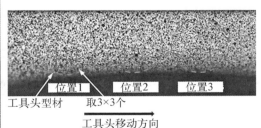

(b) 测量区域的细节示意图

图 3-52　应变测量系统

在不同贝壳高度 S_h(0.005、0.01 和 0.02 mm)和工具进给速度(FR)(400 mm/min、800 mm/min 和 1 600 mm/min)条件下,板料数控渐进成形对应

的径向应变变化规律如图 3-53 所示。

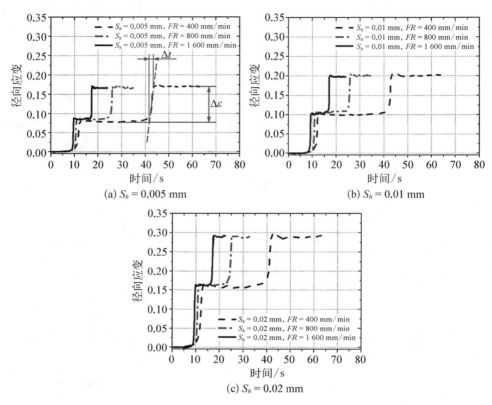

(a) $S_h = 0.005$ mm

(b) $S_h = 0.01$ mm

(c) $S_h = 0.02$ mm

图 3-53　不同贝壳高度值时径向应变的变化规律

当成形工具靠近测量区域时,径向应变发生"阶跃式"变化。分别用 $\Delta\varepsilon$ 和 Δt 来表示径向应变增量和该应变增量发生所经历的时间[见图 3-53(a)]。径向应变增量 $\Delta\varepsilon$ 的大小主要由贝壳高度的取值决定,且基本不受工具进给速度的影响。当贝壳高度从 0.005 mm 增加到 0.02 mm 时,径向应变增量 $\Delta\varepsilon$ 随之从 0.08 变化为 0.15。工具进给速度决定了板料变形的速度,即直接影响 Δt 的大小。工具进给速度越快,"阶跃式"变化所对应的斜率越陡,则应变增量发生所经历的时间 Δt 越短。利用 $\Delta\varepsilon$ 和 Δt 并根据式(3-19)可以大致计算不同工艺条件下板料数控渐进成形所对应的应变率 $\dot{\varepsilon}$:

$$\dot{\varepsilon} = \Delta\varepsilon / \Delta t \tag{3-19}$$

在这里所用工艺参数的排列组合中,最大的应变速率 $\dot{\varepsilon}_{\max}$ 出现在贝壳高度和工具进给速度分别设定为 0.02 mm 和 1 600 mm/min 时；相应地，最小的应变速率 $\dot{\varepsilon}_{\min}$ 出现在贝壳高度和工具进给速度分别设定为 0.05 mm 和 400 mm/min 时。表 3-11 总结了板料数控渐进成形在不同工艺参数条件下的应变速率 $\dot{\varepsilon}$。结果表明：在目前的工艺参数取值范围内，板料数控渐进成形过程的应变速率 $\dot{\varepsilon}$ 在 0.051～0.154 s^{-1} 之间变化。

表 3-11　板料渐进成形过程中所测得的应变速率（单位：s^{-1}）

贝壳高度/mm	工具进给速度/(mm/min)		
	400	800	1 600
0.005	0.051	0.075	0.112
0.01	0.054	0.081	0.131
0.02	0.057	0.088	0.154

2）单向热拉伸实验

根据所计算的板料渐进成形过程对应的应变速率范围，在不同应变速率（0.001、0.01 和 0.1 s^{-1}）和温度水平（室温、100、150、200、250 和 300℃）条件下，对 AZ31B 镁合金进行单轴热拉伸实验。所使用的试样形状和尺寸如图 3-54 所示。单轴热拉伸实验在配备有加热炉的 CMT5105 100 kN 材料试验机上进行。

图 3-55 为不同应变速率和温度条件下 AZ31B 镁合金的应力与位移关系曲线。总体来看，随着温度的升高和应变速率的降低，材料的流动应力降低，成形极限提高。然而，当应变速率为

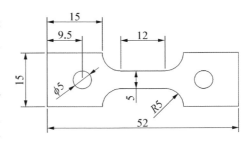

图 3-54　单轴热拉伸中的试样形状和尺寸（单位：mm）

0.001 s^{-1} 和 0.01 s^{-1} 时，与 200℃时的结果相比，材料在 250℃和 300℃时的成形能力却显著下降。此外，当成形温度为 300℃时，应变速率从 0.1 s^{-1} 减小到 0.001 s^{-1} 的过程中，材料的成形性逐渐变差；当成形温度为 250℃时，应变速率从 0.01 s^{-1} 减小到 0.001 s^{-1} 的过程中，也发现有相似的现象。引起这些"反常"现象的可能的原因是：较高温度水平下发生的动态再结晶（dynamic recrystallization，DRX）和较低应变速率造成过长的热变形时间，都会使晶粒发生粗化。

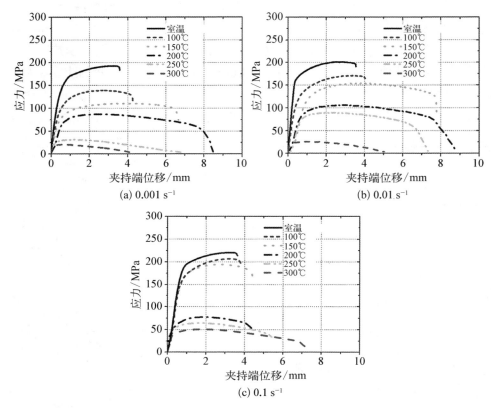

图 3 - 55　不同应变速率和温度条件下 AZ31B 镁合金的应力与位移关系曲线

3) 成形温度的确定方法

采用双面板料渐进成形方式,并使用图 3 - 44(b)中的第一种电流加载方式,即将支撑工具作为电极,来加工图 3 - 51 中的零件。工具轨迹生成中不考虑厚度减薄和挤压量的补偿,也不考虑旋转角对支撑工具位置的影响。气缸所提供的背压设定为 0.1 MPa。贝壳高度和工具进给速度分别设定为 0.005 mm 和 800 mm/min。由表 3 - 11 可知,此时板料数控渐进成形过程所对应的应变速率为 0.075 s^{-1}。由于该值与 0.1 s^{-1} 较为接近,因此可以用图 3 - 55(c)中的单轴热拉伸结果作为确定成形温度的依据。在该应变速率下 300℃时材料的成形性最佳,可以作为成形的目标温度。在实验中,通过红外线热像仪和微调输入电流的配合将成形温度控制在 300℃左右。实验结果表明:虽然在所确定的温度条件下可以成功地将零件加工出来,但是若考虑成形后零件的内外表面质量,该加工温度仍不是合适的选择[见图 3 - 56(a)]。表面质量不佳的主要原因是在长时间高温、高压的条件下,板料表面材料发生剥离所致。需要说明的是,在高温下材料明显软化,加剧了成形工具在材料表面留下的划痕,零件表面的黑色物质是深深嵌入划痕且难以清除的润滑剂(防紧蚀铜膏)。

较低的成形温度有利于改善零件的表面质量,但又会带来由于材料变形能力不足而不能成功加工的风险。为了兼顾材料成形性和零件表面质量,选择更为合适的成形温度条件,这里有必要对采用叠加热场板料数控渐进成形技术对AZ31 镁合金加工时所选用的成形温度进行简单的回顾。Ambrogio 等[17]采用不同的下压量(0.3 mm 和 1.0 mm)和工具直径(12 mm 和 18 mm)在对 AZ31镁合金进行热加工时发现,在 200℃时始终能顺利地加工侧壁角为 45°的锥形件。Zhang 等[18]系统地研究了各向异性对 AZ31 镁合金的影响,并指出当成形温度在 250℃时材料的最大可成形角大于 60°。在 Sy 和 Nam[19]的研究中,AZ31 镁合金在 250℃时的最大可成形角能够到达 75°。综上所述,这些研究基本都建议把加工 AZ31 镁合金的温度控制在 200~250℃。

本研究中,尝试采用相对较低成形温度(200℃)来加工图 3-51 中的零件,以此在保证材料成形能力的同时,尽可能降低高温对表面质量的不利影响。加工结果与预期类似,在 200℃时,零件不但可以被成形,而且内外表面质量都有了明显的改善,如图 3-56(b)所示。

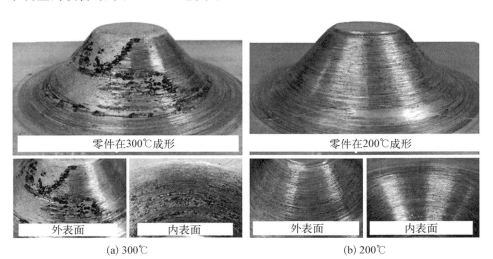

零件在300℃成形　　　　零件在200℃成形

外表面　　内表面　　　　外表面　　内表面

(a) 300℃　　　　　　　　(b) 200℃

图 3-56　在不同温度条件下成形的零件及其表面质量

以上结果表明在材料成形性能满足所需加工零件要求时,较低的成形温度会带来诸多益处。首先,在电辅助加热板料数控渐进成形中,高温、高压会使板料与成形工具间的摩擦条件恶化,带来许多消极的影响,较低的成形温度可以降低板料表面被破坏的风险,改善表面质量。其次,作为电极的成形工具始终处于被加热的状态,较低的成形温度有利于避免工具过热的现象出现,进而缓解工具表面的氧化和磨损。

4) 成形温度的变化特点

在成形过程中,加工区域出现瞬时最高温度的位置与成形工具(即热源)的位置是一致的。图 3－57 显示了整个成形过程中加工区瞬时最高温度和某一指定点温度的变化规律。瞬时最高温度逐渐震荡上升,大约在 200 s 时达到所设定的目标温度 200℃。在此之后,通过手动微调输入电流的方式将成形温度大致控制在(200±10)℃的范围内。在整个加工区域,温度的分布是十分不均匀的,如图 3－57 中左上角的温度分布图所示,大量的热量集中在板料与成形工具接触的位置。若指定某一位置,观察其温度变化的趋势可以发现:随着成形工具周期性的运动,该点温度的变化也具有明显的周期性;当成形工具靠近该位置时,该点的温度逐渐上升并达到每一圈的最大值,此后随着成形工具的远离,温度也逐渐下降;当成形工具恰好位于该位置时,温度可以达到 215℃,而同周期相同位置的最小温度仅为 80℃。由此可见,在电辅助加热板料数控渐进成形中,成形温度主要具有分布不均匀、周期性变化和面内梯度大的特点。

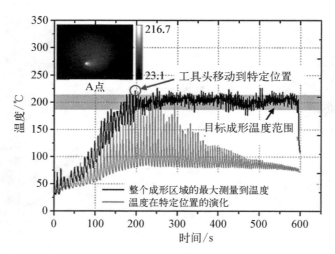

图 3－57　电辅助加热板料渐进成形中所测温度的变化规律

3.3.3　表面质量的改善策略

通过对电辅助加热在板料数控渐进成形中改善材料成形性的能力和成形温

度选择思路的研究,对该技术有了更为深入的认识。研究同样围绕图 3-51 的
零件展开。在表 3-12 中罗列了所使用的基本工艺参数。本书研究中使用的成
形工具如图 3-58 所示。需要指出的是,在电辅助加热双面板料数控渐进成形
的研究中选用了图 3-44(b)中的第二种电流加载方式。这是有意识地避免因
工具头作为电极而可能引起的自身过热以及由于热量集中于局部加工区域所造
成的材料过度软化。

表 3-12　电辅助加热板料数控渐进成形中的基本工艺参数

工 艺 参 数		单点渐进成形	双面渐进成形
工具轨迹	贝壳高度/mm	0.005	0.005
	厚度补偿	不支持	无
	挤压量	不支持	无
	旋转角	不支持	0
	工具类型	刚性工具头	皆为滚动工具头
	背压/MPa	不支持	0.1
进给速度/(mm/min)		800	
工具转速/rpm		0	
工具半径/mm		5	
目标成形温度范围/℃		200±10	
润滑剂		防紧蚀铜膏	

3.3.3.1　两种电辅助加热板料渐进成形中表面质量的比较

根据表 3-12 中试验条件,分别采用
电辅助加热单点/双面板料渐进成形方式
加工的零件如图 3-59 所示。使用
BRUKER®ContourGT-Ⅰ三维光学显微
镜对成形后零件的内、外表面质量进行测
量。内表面指在电辅助加热单点/双面板
料渐进成形中始终与成形工具接触的板
料表面;而外表面则是指在电辅助加热双
面板料渐进成形中与支撑工具接触,但在

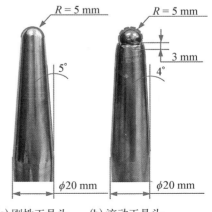

(a) 刚性工具头　(b) 滚动工具头

图 3-58　不同的成形工具类型

电辅助加热单点板料渐进成形中没有受到来自外界支撑的板料表面。测量时，将竖直方向的扫描范围设定为 0.1~10 mm。在每个零件的内、外表面的相似位置取 0.58 mm×0.43 mm 的区域进行测量，采用三维表面粗糙度 S_a 的算术平均值来定量地评价表面质量的优劣。S_a 的定义如下式：

$$S_a = \frac{1}{A}\iint_A |Z(x,y)|\,\mathrm{d}x\mathrm{d}y \tag{3-20}$$

式中：A 是测量区域的面积；$Z(x,y)$ 是测量区域表面的峰值和谷值。

(a) 电辅助加热单点板料渐进成形　　　　　　(b) 电辅助加热双面板料渐进成形

图 3-59　利用不同方式加工的零件

　　图 3-60 和图 3-61 分别显示了在电辅助加热单点、双面板料渐进成形中所获得的零件典型表面质量。在电辅助加热单点板料渐进成形中，零件的内表面可以观察到明显的工具划痕，而在外表面则出现了"橘皮"现象，如图 3-60(a) 和图 3-60(b) 所示。相应的 S_a 值及其标准差分别为 (1.595±0.192) μm 和 (8.249±0.393) μm。与电辅助加热单点板料渐进成形中所获得的表面质量相比，在电辅助加热双面板料渐进成形中使用滚动工具头所得到的内表面则明显光滑[S_a 值为 (0.941±0.135) μm，下降了 41%]，成形工具经过仅留下浅而窄的工具划痕，如图 3-61(a) 所示。据此，猜测使用滚动工具头作为支撑工具加工的外表面质量也会大幅改善，结果如图 3-61(b) 所示，其表面粗糙度为 (5.187±0.306) μm。虽然该表面质量与图 3-60(b) 的相比也有了一定的改善（消除了"橘皮"现象），但却远远差于对应的内表面质量[见图 3-61(a)]。这是由于当支撑工具作为电极时，滚动工具头的滚珠在持续加热的条件下运行状态不稳定，时而旋转，时而卡死。板料与工具间的接触不稳定会导致出现"打火"（放电）现象，破坏零件的外表面质量。

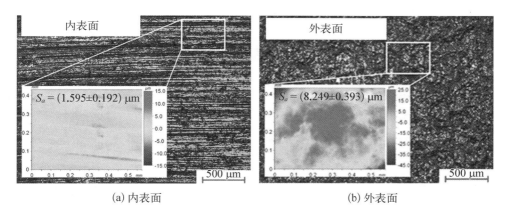

图 3 - 60　使用刚性工具头时电辅助加热单点板料渐进成形加工的零件表面质量

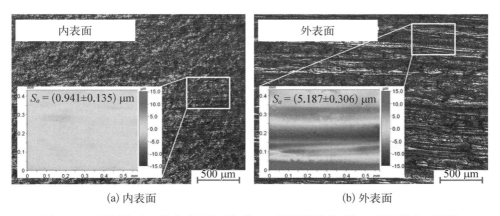

图 3 - 61　使用滚动工具头时电辅助加热双面板料渐进成形加工的零件表面质量

3.3.3.2　避免放电现象的方法

针对上一节中所提到的当支撑工具为电极且采用滚动工具头的形式时,在成形过程中由于板料外表面与工具间的接触不稳定会导致出现"放电"现象,破坏外表面的质量。本节中在所有实验条件都保持不变的情况下,使用刚性工具头代替滚动工具头作为支撑工具。结果表明,刚性工具头可以保持与板料的稳定接触,在整个成形过程中没有观察到"放电"现象。所获得的表面质量如图 3 - 62 所示。在图 3 - 62(a)中发现,此时内表面的形貌以及表面粗糙度与图 3 - 61(a)中的基本一致。而在外表面,由于消除了"放电"现象,支撑工具所留下的划痕明显减弱,表面粗糙度 S_a 值为(1.381 ± 0.287) μm,如图 3 - 62(b)所示。与图 3 - 61(b)中的结果相比,表面粗糙度值下降了 73.37%。这说明在电辅助加热双面板料渐进成形中采用图 3-44(b)所示的第二种电流加载方式时,分别使用滚动工具头和刚性工具头作为成形工具和支撑工具可以获得更好的内、外表面质量。

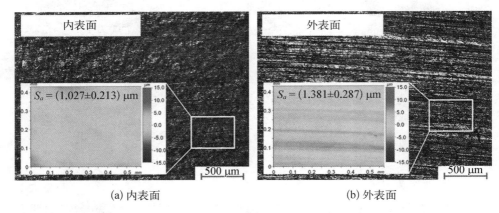

(a) 内表面　　　　　　　　　　　　　(b) 外表面

图 3-62　使用滚动成形工具头和刚性支撑工具头时电辅助加热双面板料渐进成形加工的零件表面质量

此外,作为电极的工具始终有电流输入,自身产生大量的焦耳热,工具所发生的过热现象对于零件的表面质量和工具本身的寿命都是不利的因素。为了确认在成形过程中确实存在工具过热的现象,通过红外线热像仪监测了支撑工具的温度变化趋势,如图 3-63 所示。图中深色带状区域为成形温度的波动范围(200±10)℃。结果发现,无论使用刚性工具头(RT)还是滚动工具头(RBT),作为电极的工具其最终温度都远高于所设定的目标成形温度范围。由此证明了推测工具在成形过程中有过热现象的合理性。在这种情况下,使用结构简单、工作

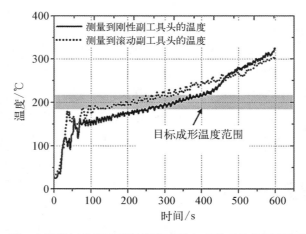

图 3-63　电辅助加热双面板料渐进成形中支撑工具的温度变化趋势

稳定的刚性工具头是更优的选择。

3.3.3.3 成形温度、电流加载方式及工具结构对表面质量的影响

在室温条件下进行成形时,通常认为滚动工具头的使用是改善零件表面质量的有效途径。然而,在电辅助加热板料渐进成形中,电流加载方式、成形温度等因素都会影响滚工具头的工作状态。盲目地使用滚动工具头、不恰当的电流加载方式和工具结构搭配非但不能改善零件的表面质量,反而会对零件表面造成更为严重的损伤。

关于成形温度,在材料的变形能力能够满足零件加工的情况下,成形温度越低对零件表面质量的提高越有利。在讨论电流加载方式和工具结构对表面质量的影响时,首先需要明确因为两者存在搭配关系,所以不能仅考虑其中一个因素的影响。根据前面的研究结果,表 3 - 13 和表 3 - 14 分别列出了在电辅助加热单点、双面板料数控渐进成形中的不同电流加载方式和工具结构组合,并预测了所对应的零件内、外表面质量。

表 3 - 13 电辅助加热单点板料数控渐进成形中的不同电流加载方式和工具结构组合对表面质量的影响

工具结构	刚性工具头	滚动工具头
电流加载方式	默认加载方式	
内表面质量	一般	差
外表面质量	差	差

表 3 - 14 电辅助加热双面板料数控渐进成形中的不同电流加载方式和工具结构组合对表面质量的影响

电流加载方式	方式一		方式二	
工具结构	M①：RBT S②：RBT	M：RBT S：RT	M：RT S：RT	M：RBT S：RBT
内表面质量	好	好	一般	差
外表面质量	差	一般	一般	差

注：① M 代表成形工具。
　　② S 代表支撑工具。

在表 3 - 13 中可以发现,电辅助加热单点板料数控渐进成形中零件的外表

面质量始终不佳。这是由于在成形过程中板料外表面没任何支撑,会导致"橘皮"现象的产生。在电辅助加热双面渐进成形中所引入的支撑工具在不作为电极时有能力在一定程度上改善零件外表面的质量。此外,相比于图 3 - 44 中电流加载方式二,采用方式一可以获得更好的表面质量。因为在该方式下只有一侧的工具被电流持续加热,这样既可以避免两侧工具同时过热,又可以防止热量过于集中于局部变形区。经过总结表 3 - 13 和表 3 - 14 中各种组合所获得结果,可以发现在电辅助加热双面渐进成形中采用电流加载方式一,分别使用滚动工具头和刚性工具头作为成形工具和支撑工具时,所成形的零件表面质量最好。

在许多工业应用中,只对零件某一侧的表面质量有特定的要求。基于上述情况,如果零件选择用电辅助加热双面渐进成形加工,那么滚动工具头应配备在有特定要求的目标板料一侧且此时该工具不能作为电极。

3.3.4　几何精度的改善策略

本节中仍以图 3 - 51 所示零件为对象,考察在两种电辅助加热板料渐进成形中所加工零件的几何精度,随后探索相应的改善策略。研究中,采用精度为 0.01 μm 的 KEYENCE® LK - G150 激光位移传感器对加工完成后零件的中心对称截面进行测量,并将测量获得的实际加工轮廓线与理想的截面形状进行对比。

3.3.4.1　两种电辅助加热板料渐进成形中几何精度的比较

使用表 3 - 12 所列出的实验条件,在电辅助加热单点、双面板料渐进成形过程中所获得的形状与理想设计形状的对比结果如图 3 - 64 所示。从图中可以发现,当加工的零件深度大于 7.5 mm 之后,两种电辅助加热板料渐进成形所获得零件的对称中心截面轮廓线与理想设计形状几乎完全重合,具有较好的几何精度。然而,在该成形深度之前,由于在加工初期零件开口处存在明显的板料弯曲,该区域的成形精度差。在电辅助加热双面板料渐进成形中,支撑工具的存在可以一定程度的缓解弯曲对零件几何精度的不利影响。与单点板料渐进成形中的结果相比,双面板料渐进成形将零件的最大尺寸误差从 3.403 mm 减小到 1.528 mm(下降 55.09%),改善效果明显。虽然电辅助加热双面板料渐进成形已经显示了其在提高零件几何精度方面的优势,但尺寸误差仍然较大。因此,接下来将继续研究不同双面板料渐进成形轨迹策略在进一步改善零件几何精度方面的可能性。

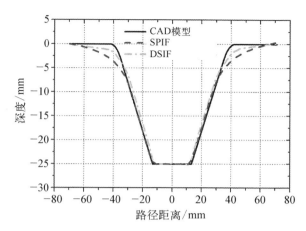

图 3‑64　不同电辅助加热板料数控渐进成形方式对几何精度的影响

3.3.4.2　传统工具轨迹策略对几何精度的影响

所开发的双面板料渐进成形工具轨迹生成算法为进一步提高零件的几何精度提供了两种可能的解决方案,即在考虑厚度补偿情况下施加不同的挤压量水平 s 和考虑不同的旋转角 β。从本质上看,前者控制的是成形工具与支撑工具间沿板料厚度方向的间隙,后者则是用来调节支撑工具与板料间的接触区域。所有试验条件都与表 3‑12 中保持一致,用来生成不同双面板料渐进成形工具轨迹的参数如表 3‑15 所示。这里仅分别考察了挤压量水平和旋转角对几何精度的影响,没有考虑两者共同作用的情况。

表 3‑15　生成不同双面板料渐进成形工具轨迹的参数

厚度补偿 C_W /mm	1	0
挤压量 s /mm	1、0.75、0.5	无
旋转角 β /°	0	20、40

首先,先考察了挤压量水平 s 对几何精度的影响。需要说明的是,当 $C_W = 1$ 且 $s = 1$ 时,工具对板料的挤压量实际上仅是基于余弦定理对板料厚度减薄量的补偿;当 $C_W = 1$ 且 $0 < s < 1$ 时,在考虑厚度减薄量的基础上通过改变 s 值对板料施加了额外的挤压量;由于工具及工具夹持系统并不是绝对刚性的,因此 s 值并不意味着板料的厚度被挤压到了相应的数值。其次,进行的实验结果发现,根据所生成的工具轨迹,当对板料施加给定的挤压量 s(1、0.75 和 0.5)

时,所有的成形件都在 9.122～11.932 mm 的深度范围内出现了破裂,无法成功地加工出所需要的零件形状。最后,对板料的过度挤压可能是造成过早失效的原因。一方面,鉴于施加不同的挤压量会大幅降低镁合金 AZ31B 的成形性,因此在目前的研究中其不能作为提高零件几何精度的有效途径。另一方面,研究了旋转角 β 对零件几何形状的影响,结果如图 3 - 65 所示。在不同旋转角 β 条件下所获得的零件截面形状差别不大。这意味着改变支撑工具与板料之间的接触区域在提高几何精度方面作用十分有限。

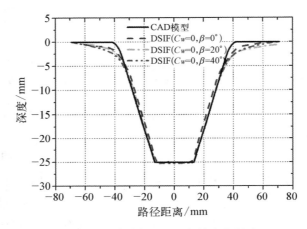

图 3 - 65　旋转角 β 对几何精度的影响

3.3.4.3　复合工具轨迹策略对几何精度的影响

由于仅调整两工具间的间隙和改变支撑工具与板料的接触区域都无法进一步提高电辅助加热双面板料渐进成形中零件的几何精度,因此本节提出了一种复合工具轨迹策略,其原理如图 3 - 66 所示。图 3 - 66(a)中显示的是传统的双面板料渐进成形工具轨迹策略,成形工具与支撑工具在整个加工过程中都同步伴随运动。而在图 3 - 66(b)中,支撑工具并没有随着成形工具的逐层加工而改变其在竖直方向上的位置,其仅在 $X - Y$ 平面内按指定轨迹发生平动运动。在这种运动方式下,支撑工具起到了"移动垫板"的作用。

通过研究图 3 - 66 和图 3 - 65 中的结果不难发现,制约零件几何精度的区域正是成形初始阶段。因此,本节将图 3 - 66 中的两种工具轨迹策略相结合,探索这种复合工具轨迹策略在提高零件几何精度方面的能力。具体实现方式如下:在成形初始阶段(加工圆角时),采用图 3 - 66(b)中的工具轨迹策略,支撑工具作为垫板的角色出现,以抑制板料弯曲所造成的尺寸误差;当圆角加工结束

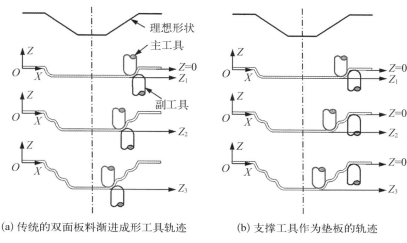

(a) 传统的双面板料渐进成形工具轨迹　　　　(b) 支撑工具作为垫板的轨迹

图 3 - 66　复合工具轨迹原理图

时，为了继续利用双面板料渐进成形方式所具有的优势，支撑工具的运动模式又转变为图 3 - 66(a)的形式。通过使用复合工具轨迹策略所获得的零件对称中心截面轮廓线如图 3 - 67 所示。结果表明，该方式确实能有效地降低由板料弯曲而引起的尺寸误差，最大误差从 1.528 mm 减小为 0.880 mm，几何精度进一步大幅提高，提高了 42.41%。此时最大尺寸误差并没有出现在零件靠近开口处的侧壁区域，而是转移到了零件的法兰平面区域。如图 3 - 67 所示，在法兰平面区域发现材料出现凸起。出现该现象的原因是由于气缸通过支撑工具对板料施加了过高的背压。当支撑工具作为垫板时，板料与支撑工具接触稳定，不会出现

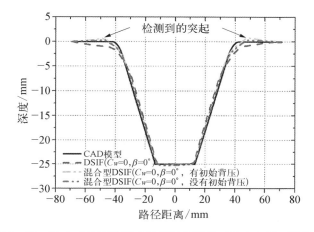

图 3 - 67　复合工具轨迹策略所获得的零件对称中心截面轮廓线

脱离接触的现象,因此在该阶段可将背压降为 0 MPa;而当支撑工具与成形工具伴随运动时,为了避免其与板料脱离接触,则将背压调回至 0.1 MPa。通过以上调整,凸起的高度由 0.880 mm 下降为 0.380 mm,此时零件的最大尺寸误差为 0.694 mm,出现在零件靠近开口处的侧壁区域;与采用传统双面板料渐进成形工具轨迹相比,几何精度提高了 45.42%。由此可见,所提出的复合工具轨迹策略利用了双面板料渐进成形方式"柔性"高的特点,进一步挖掘了其加工能力,有效地提高了零件的几何精度。

3.4 电致塑性滚轮包边

3.4.1 包边工艺原理

包边工艺是一种常见的连接汽车内板和外板的加工方法。它通过将外板逐渐弯曲直至折叠 180° 来包住内板,从而改善零件外观,保证外表面光滑平整,提高外板的整体刚性和强度。根据待包边缘线和包边曲面形状,包边可以分为平面直边包边、平面曲边包边、曲面直边包边和曲面曲边包边。为简化,本文仅研究平面直边包边实验。包边的过程一般分为三个步骤:翻边、预包边、终包边,如图 3-68 所示。

| (a) 翻边 | (b) 预包边 | (c) 终包边 |

图 3-68　包边过程示意图

根据汽车装配工艺和外观要求,通常要求包边成形后产品外表面平滑顺畅,无压痕、凹陷、波状起伏和明显皱褶等缺陷,内板和外板包合处必须平实服帖,且保证工件的整体尺寸精确稳定。通常包边方式主要有两种,分别为传统模具包边和机器人滚轮包边。模具包边即利用模具在压力机的驱动下完成对工件的压合包边,生产效率高,包边质量好;但对于不同产品必须更换不同模具,且包边模具复杂,生产周期长,成本高。机器人滚轮包边作为一种新型包边工艺方法,采用工业机器人驱动滚轮对外板翻边进行多次滚轮,使其逐渐折弯,最终包住内板。相较于模具包边,机器人滚轮包边只需包边下模具,并且下模具结构简单,通过调整机器人运动轨迹可实现不同形状零件的包边,具有很强的适应性和灵活性,已经引起了汽车制造业的广泛关注,并在近几年得到迅速发展。

3.4.2 通电脉冲辅助滚轮包边装置设计

滚轮包边模具必须满足四个条件:

(1) 要能够实现滚轮包边动作,即在外力驱动下,滚轮能够每次以一定的角度增量完成每一道次的包边动作。

(2) 电流能够以合理的方式通过包边变形区,即在滚轮变形区,必须保证有电流通过,且将脉冲电流尽量限制在滚轮变形区,以提高变形区的电流密度。

(3) 确保电极与包边试样接触良好,避免接触不良造成的打火现象发生,影响成形件的表面质量。

(4) 做好绝缘工作:保证通电区域与无电区域之间的绝缘良好,进而确保实验人员和实验设备的安全。

图 3-69 为包边过程示意图。为了简化,本节将完整的包边过程分为四步,

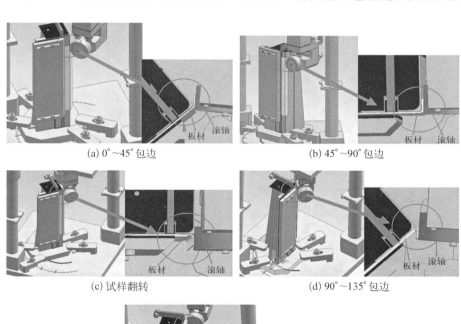

(a) 0°～45°包边   (b) 45°～90°包边

(c) 试样翻转   (d) 90°～135°包边

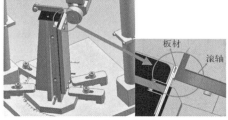

(e) 135°～180°包边

图 3-69 包边过程示意图

简要说明包边装置实现包边的全过程。图 3-69(a)和图 3-69(b)分别为 0°～45°和 45°～90°的包边过程。当试样被弯曲至 90°时,需将试样进行翻转如图 3-69(c)所示,然后才能进行后续包边。图 3-69(d)和图 3-69(e)分别为 90°～135°和 135°～180°的包边过程。

　　关于电流的流通路径,将滚轮作为一个电极,试样作为另一个电极,这样能够保证在滚轮变形区有足够的电流密度,脉冲电流流向示意图如图 3-70 所示。为了能够调整滚轮与试件之间的滚轮距离以避免压不紧试样造成的打火现象,在装置底部设置位置可调螺栓,以调整试样与滚轮之间的间隙。用绝缘电木将通电部分和无电部分充分绝缘。电塑性滚轮包边模具的总装图及实物图如图 3-71 所示。将加工好的模具安装在 SANS CMT400 万能材料试验机上,利用实验机横梁的向下运动驱动滚轮从上至下完成滚轮包边动作。

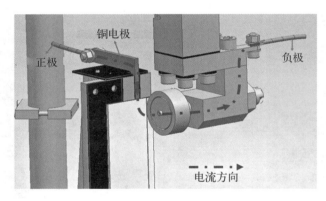

图 3-70　脉冲电流流向示意图

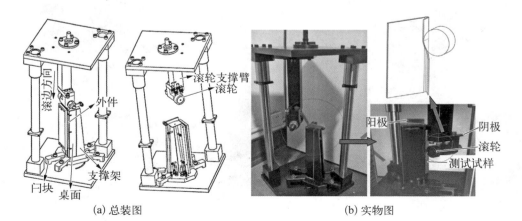

(a) 总装图　　　　　　　　　　　　　　(b) 实物图

图 3-71　滚轮包边模具

3.4.3 滚轮包边实验

实验用镁合金与前文相同。利用线切割将滚轮包边试样加工成如图 3 - 72 所示尺寸,轧制方向与试样的长度方向平行。

本实验中,板材试样为平板,由于没有预先的翻边工艺,所有的工艺都将通过滚轮实现。将实验过程分为两步:第一步为 0°～90°包边,即图 3 - 69(a)、(b)、(c);第二步为 90°～180°包边,第三步完成终包边。在通电脉冲包边前,首先进行室温包边实验。滚轮下行速度

图 3 - 72 滚轮包边试样(单位:mm)

为 30 mm/min。结果发现,当由平板直接包边值为 45°时,工件出现明显裂纹。于是将每一步的包边角度减小到 30°,然而,在此情况下,裂纹仍然发生,如图 3 - 73 所示。

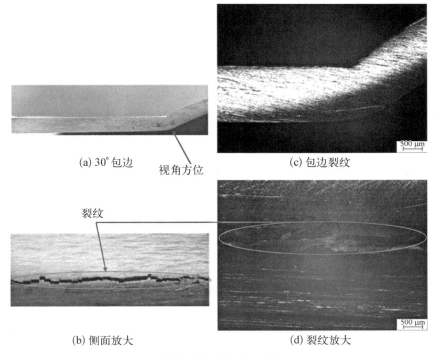

(a) 30°包边   视角方位

(c) 包边裂纹

裂纹

(b) 侧面放大

(d) 裂纹放大

图 3 - 73 冷 包 边

同样,在第一道次包边角为 30°的情况下,进行通电脉冲包边实验。峰值电

流有效值 I_p＝2 526 A,脉冲频率 f＝500 Hz,T＝175℃,终包边结果如图 3－74 所示(内板厚度 1 mm)。由图 3－74 可知,通电脉冲包边后,未出现所谓的回弹 (recoil)、翘曲(warp)、缩进(roll-in)及胀出(roll-out)等成形缺陷。Lin 等[20] 指 出包边后翘曲缺陷主要由终包边后的应力松弛导致。这说明,脉冲电流在包边 的过程中已经将试件内部的残余应力完全释放,这与前文结论一致。从 图 3－74(c)和(d)还能看出,脉冲终包边后,包边受拉外表面光滑,并未发现裂 纹。由于脉冲电流对材料内部的裂纹有修复作用,因此能够完成终包边与每一 道次中脉冲对裂纹的修复密切相关。这说明,脉冲电流能够极大地抑制或推迟 裂纹的产生,改善材料的成形性能。

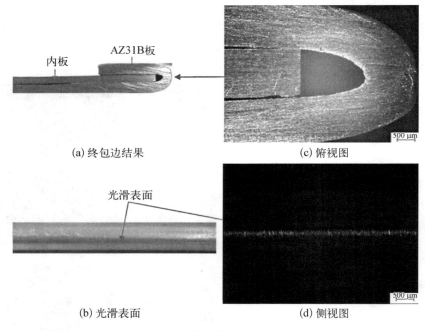

(a) 终包边结果   (c) 俯视图

(b) 光滑表面   (d) 侧视图

图 3－74 通电脉冲终包边结果

弯曲变形区中部沿厚度方向的硬度值如图 3－75 所示。由图 3－75 可看 出,在包边变形剧烈的受拉区域(虚线区域),出现了较为明显的动态再结晶 (DRX)晶粒,被认为是材料成形能力改善的原因。该温度(175℃)低于传统认 为的镁合金再结晶温度 200℃[21]。还有一点值得注意的是,本书通电脉冲包边 过程中,由于滚轮的运动,滚轮与工件接触是瞬时的,因此脉冲电流对于变形区 的作用也是短时间的。Jiang 等[22]在研究脉冲电流辅助的脉冲轧制变形时指出,DRX 可以在较低的温度下、较短的时间内发生,这一结论与本书结论相符。由此推测,除脉冲电流的热效应外,漂流电子对材料内部的亚晶界施加了扭矩,使得亚晶界旋转而形成大角度晶界,进而形成 DRX 晶粒。

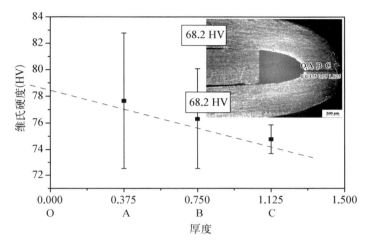

图 3-75　弯曲变形区中部沿厚度方向的硬度值

由于篇幅有限,因此本节仅研究了一种温度对材料包边性能的影响。降低温度,比如 150℃,甚至更低温度下(消耗的电能更少)是否能够成功包边镁合金板材,值得进一步研究。

除 AZ31B 镁合金外,本书还对 5052－H32 铝合金板材进行了包边实验。5052－H32 铝合金板材包边实验的试样尺寸和轧制方向与 AZ31B 镁合金包边实验相同,材料厚度为 1.016 mm。结果表明,5052－H32 铝合金板材在室温下具有优越的包边成形性能,包边件表面质量较好,未出现裂纹等缺陷。这主要是因为铝合金具有面心立方的晶格结构,常温下可开动的滑移系较多,塑性较好。其包边结果如图 3-76 所示(内板厚度 1 mm)。

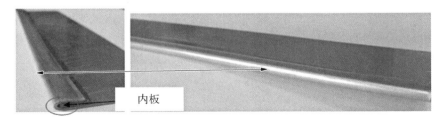

图 3-76　5052－H32 铝合金板材室温包边(有内板)

在无内板的情况下,5052-H32 铝合金板材的包边结果如图 3-77 所示。由图 3-77 可知,在没有内板的情况下,5052-H32 铝合金板材仍然能够完成包边。可见,5052-H32 铝合金板材不借助其他辅助手段即可获得良好的包边效果。

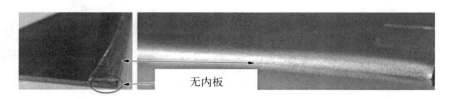

无内板

图 3-77　5052-H32 铝合金板材室温包边(无内板)

3.5　电致塑性扩孔

扩孔是指对预制孔进行二次直径扩大的工艺,该工艺中的冲头直径大于预制孔直径。扩孔后孔径越大,材料的扩孔率(hole expansion rate,HER)越高。HER 可由下式表示:

$$HER = \frac{R' - R_0}{R_0} \times 100\% \qquad (3-21)$$

式中：R' 是扩孔后半径；R_0 是预制孔半径。式(3-21)各参数如扩孔示意图如图 3-78 所示。

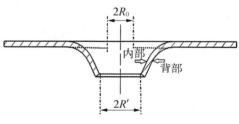

图 3-78　扩孔示意图

本节分别对 AZ31B 镁合金板材及 DP980 AHSS 板材进行扩孔试验研究。两种材料的试样均为外径为 79.5 mm 的圆板,中心预制孔直径为 8 mm,厚度分别为 1.5 mm 和 1.4 mm。由拉深实验可知,材料的变形行为在复杂应力状态下几乎只受温度影响,因此本节仅研究温度对 HER 的影响。

3.5.1　模具设计

为了提高扩孔率,需要对扩孔变形区施加脉冲电流,用可加工高强度陶瓷作为凹模进行绝缘。电流流向如图 3-79 中箭头所示。

扩孔实验模具如图 3-80 所示。

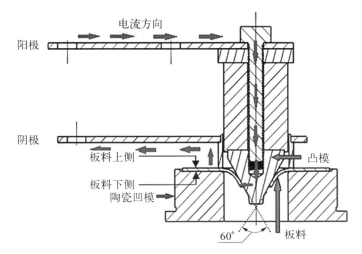

图 3-79　电流流通示意图

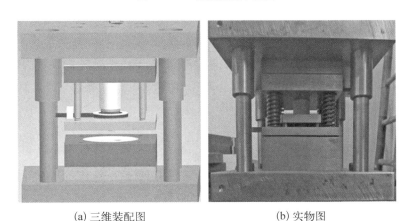

(a) 三维装配图　　　　　　　(b) 实物图

图 3-80　扩孔实验模具

3.5.2　AZ31B 镁合金板扩孔实验

室温扩孔和通电脉冲扩孔实验结果如图 3-81 所示。

由图 3-81 可知,材料在室温条件下扩孔率仅为 8%;随着温度的升高,材料在 200℃时扩孔率可达 112.5%。扩孔率与温度的关系如图 3-82 所示。

在未扩孔的试样上预先画上间隔相等半径,然后再画上等间距的同心圆,即在试件表面形成了测量周向应变(circumferential strain)的网格线。厚向应变的测量需将试样沿任一条直径方向切开。重复实验条件为 $I_p = 1\,792$ A,$f =$

(a) 室温，HER=8%

(b) I_p=1 583 A，f=400 Hz，
T=100℃，HER=65%

(c) I_p=1 632 A，f=400 Hz，
T=150℃，HER=75%

(d) I_p=1 792 A，f=400 Hz，
T=200℃，HER=112.5%

图 3 - 81　室温扩孔和通电脉冲扩孔实验结果（扩孔照片）

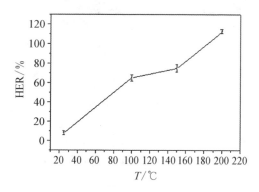

图 3 - 82　扩孔率与温度的关系

400 Hz，T=200℃的扩孔实验，并对试样进行周向和厚向应变测量。测量中引入投影半径(r)，规定投影半径坐标的起点为圆心，方向由圆心指向圆周。所得扩孔后的周向应变及厚向应变与投影半径的关系分别如图 3 - 83 和图 3 - 84 所示。由这两个图可知，在扩孔后的边缘其周向应变达到了比较高的数值，孔边缘厚度减薄明显。

3.5.3　DP980 钢板扩孔实验

DP980 钢板室温扩孔和通电脉冲扩孔实验结果如图 3 - 85 所示。

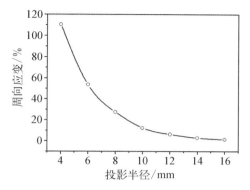

图 3 - 83　周向应变与投影半径的关系($I_p=$ 1 792 A,$f=400$ Hz,$T=200℃$)　图 3 - 84　厚向应变与投影半径的关系($I_p=$ 1 792 A,$f=400$ Hz,$T=200℃$)

(a) 室温，HER=7.5%

(b) I_p=1 253 A,f=400 Hz, T=50℃，HER=12.5%

(c) I_p=1 405 A,f=400 Hz, T=100℃，HER=28.75%

(d) I_p=1 568 A,f=400 Hz, T=200℃，HER=50%

图 3 - 85　不同实验条件下的扩孔形貌

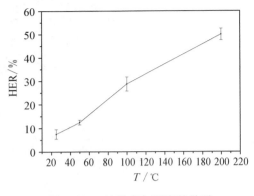

图 3-86　扩孔率与温度的关系

由图 3-85 可知,材料在室温条件下扩孔率仅为 7.5%;随着温度的升高,材料在 200℃ 时扩孔率可达 50%。扩孔率与温度的关系如图 3-86 所示。

重复实验条件为 $I_p = 1\,568$ A, $f = 400$ Hz, $T = 200℃$ 的扩孔实验,并对试样进行周向应变及厚向应变测量,其与投影半径的关系分别如图 3-87 和图 3-88 所示。由这两个图可知,在扩孔后的边缘其周向应变达到了 50%,但孔边缘厚度减薄仅为 20%。这说明材料在该实验条件下,扩孔率有所提高,但不如镁合金显著。

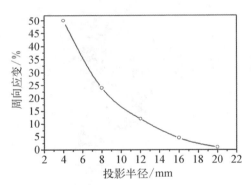

图 3-87　周向应变和投影半径的关系($I_p = 1\,568$ A, $f = 400$ Hz, $T = 200℃$)

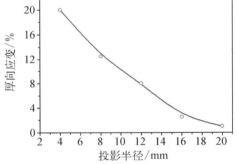

图 3-88　厚向应变和投影半径的关系($I_p = 1\,568$ A, $f = 400$ Hz, $T = 200℃$)

3.6　电致塑性冲裁

3.6.1　实验设计

在冲裁工艺中引入脉冲电流将形成强烈的局部效应(即局部电流密度及温度的升高),从而诱发断裂提前,故可能适用于分离工艺的改善。因此,本书将脉冲电流引入冲裁工艺,开发了一种新型的电辅助冲裁工艺。由于当零件尺寸较小时,易获得较大的电流密度,因此该工艺特别适合微小零件的冲裁。在此之前,Kim 等[23]曾经提出过一种电辅助冲裁工艺,其原理图如图 3-89 所示。在该工艺中,电源直接接在坯料两端,故整个工艺中温度和电流分布较为均匀,整体过程类似于热冲裁。在本实验中修改了电流的加载路径,将电源分别接在凸、凹模上,故工艺流程是一个强非均匀的瞬时过程。

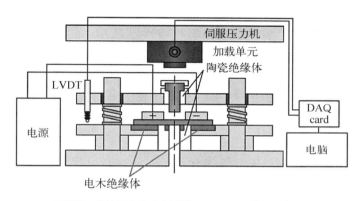

LVDT—线性可变差动变压器;DAQ card—数据采集器。

图 3-89 Kim 等设计的电辅助冲裁工艺原理图[23]

设计的电辅助冲裁工艺模具结构半剖图如图 3-90 所示。由图 3-90 可知,上、下模各有一块纯铜电极,用以与脉冲电源的两极相连接;并且为防止漏电,两块纯铜电极板通过电木绝缘板分别与上、下模座绝缘。此外,电辅助冲裁工艺的模芯分别通过电木与纯铜电极固定连接,从而将电流导入模芯,完成相关电辅助工艺。值得注意的是,由于在电辅助工艺过程中,温度不可避免地升高,因此模芯均采用 4Cr5MoSiV1(H11)热作模具钢,以保证其在工艺过程中的强

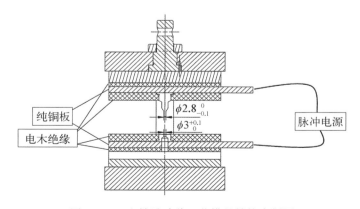

图 3-90 电辅助冲裁工艺模具结构半剖图

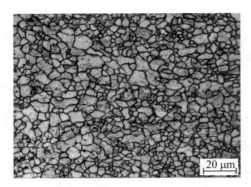

图 3-91　未退火的 AZ31B 镁合金板材的微观组织金相

度。实验的冲裁对象为直径是 15 mm 的 AZ31B 镁合金圆片，且为了凸显工艺过程中热效应对微观组织的影响，冲裁坯料未经退火处理。未退火的 AZ31B 镁合金板材的微观组织金相如图 3-91 所示。

电辅助冲裁工艺在 2 t 的 SANS 万能实验机上完成，并且为防止模具与坯料接触面因接触不良而产生电火花，在电源开启之前先令凸模下行至与坯料上表面接触并产生 200 N 的预紧力。接着，启动电源的同时令凸模在规定速率下冲裁直至落料件与板料分离。完成冲裁过程后，关闭电源。完成电辅助冲裁工艺后的零件如图 3-92 所示。由于整个电辅助冲裁工艺为瞬时过程，因此没有检测整个过程温度和峰值电流的变化。此外，为分别研究峰值电流及脉冲频率对工艺结果的影响，本书在不同峰值电流及脉冲频率下进行了工艺试验。由于受电流影响，该工艺必然为一个速率相关的变形过程，故本文还在不同的冲头速率下进行了工艺试验。为了消除实验误差的影响，所有的工艺实验均重复三次。具体实验参数如表 3-16 所示。最终，采用光学显微镜（optical microscope，OM）和扫描电子显微镜（scanning electron microscopy，SEM）分别观察了冲裁件的微观组织及表面形貌，从而进一步研究了不同参数（峰值电流、脉冲频率及冲裁速率）对电辅助冲裁工艺的影响规律。

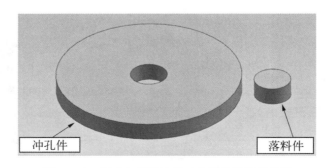

图 3-92　完成电辅助冲裁工艺后的零件示意图

表 3 - 16　电辅助冲裁实验参数

电压/V	脉冲频率/Hz	冲裁速率/(mm/min)
0	0	50
90	200	50
105	200	50
120	200	50
90	300	50
90	400	50
90	500	50
90	600	50
90	600	25
90	600	100

3.6.2　结果与分析

在实际生产中,产品零件的尺寸稳定性为判断一项工艺是否实用的一个必要条件,而电辅助冲裁工艺中引入的脉冲电流有可能对其产生影响,故本书先对该工艺产品的尺寸稳定性进行评估。图 3 - 93 为 50 mm/min 冲裁速率下落料件直径与脉冲电流电压和脉冲频率之间的关系。很明显,无论是增加电压还是增加频率,落料件的直径都变化不大,甚至其尺寸误差范围依然能保持稳定。总的来说,落料件的直径始终保持在(3±0.03) mm 尺寸精度。因此,脉冲电流并不会影响电辅助冲裁工艺的零件精度,具备成为实际工艺的基本必要条件。

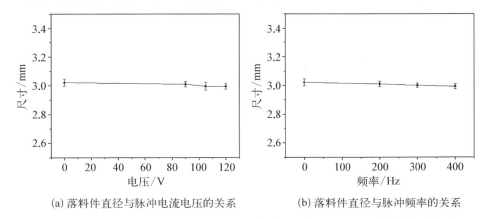

(a) 落料件直径与脉冲电流电压的关系　　　(b) 落料件直径与脉冲频率的关系

图 3 - 93　50 mm/min 冲裁速率下落料件直径与脉冲电流电压和脉冲频率的关系

　　当冲裁速率为 50 mm/min、频率为 200 Hz 时，不同电压下的落料件断口如图 3－94 所示。由图 3－94 可以发现由于镁合金较差的塑性，因此其冲裁断口质量较差。通过对比图 3－94(a)和(b)可以发现，在电辅助条件下，虽然落料件的断口表面质量依然较差，但相较于室温冲裁来说，电辅助冲裁工艺落料件断口表面的豁口深度相对较浅，粗糙程度也相对较小，故可以认为脉冲电流改善了冲裁工艺的断口质量。而通过对比图 3－94(b)、(c)和(d)，可以发现随着电压的升高，断口质量未发生显著改善，因此进一步提高脉冲电压不能改善冲裁工艺的断口质量。

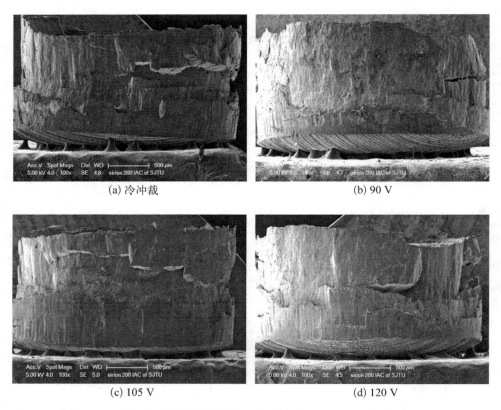

(a) 冷冲裁　　　　　　　　　　　　　　　(b) 90 V

(c) 105 V　　　　　　　　　　　　　　　(d) 120 V

图 3－94　不同电压下的落料件断口(冲裁速率 50 mm/min，频率 200 Hz)

　　当冲裁速率为 50 mm/min、电压为 90 V 时，不同脉冲频率下的落料件断口如图 3－95 所示。由图 3－95(a)、(b)和(c)可知，随着脉冲频率的升高，断口光亮带的宽度增加，故整体断口质量也获得了极大的改善。当脉冲频率升至 400 Hz 时，其光亮带宽度甚至覆盖了整个断口区域。除上述以外，电辅助冲裁工艺还降低了落料件的毛刺厚度,并且脉冲频率越高,降低效果越明显。因此,脉冲频率为影响冲裁件断口质量的主要因素,并且频率越高,效果越好。然而,若进一步提高脉冲频率[见图 3 - 95(d)和(e)],可发现其断口质量改善不大,断

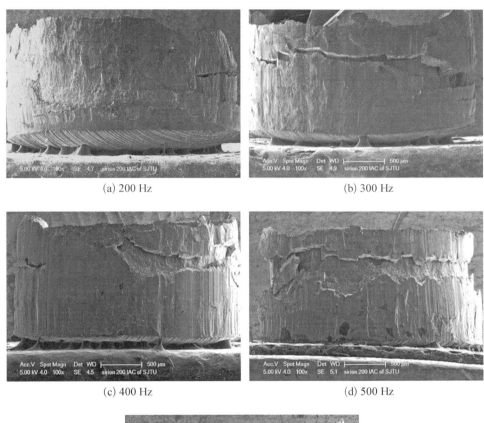

(a) 200 Hz   (b) 300 Hz

(c) 400 Hz   (d) 500 Hz

(e) 600 Hz

图 3 - 95 不同脉冲频率下的落料件断口(冲裁速率 50 mm/min,电压 90 V)

口表面始终存在一条较为明显的豁口,表明脉冲频率对落料质量的改善达到了最大。此外,虽然继续提升脉冲频率不能进一步改善落料件的断口质量,但是冲裁载荷进一步下降。

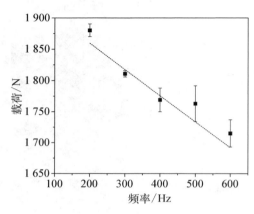

图 3 - 96　冲裁载荷和脉冲频率之间的关系(电压 90 V,冲裁速率 50 mm/min)

图 3 - 96 是冲裁载荷和脉冲频率之间的关系。很明显,随着频率的升高,受焦耳热和电塑性效应影响,冲裁载荷显著下降,并且下降趋势呈线性变化。根据欧姆定律,电流的功率为:

$$P = I_e^2 R = f \cdot \int_0^t I^2 dt \cdot R$$

$$(3 - 22)$$

式中: P 是功率,单位是 W; I_e 是有效电流,单位是 A; R 是电阻,单位是 Ω; f 是脉冲频率,单位是 Hz; t 是脉冲脉宽,单位是 s; I 是瞬时电流,单位是 A。显然,脉冲功率与脉冲频率近似呈线性变化。

在电辅助冲裁工艺过程中,由于受脉冲电流焦耳热效应的影响,试样不可避免地产生一定的温升,因此需要探讨冲裁速率对该工艺的影响。当电参数为电压 90 V 和脉冲频率 600 Hz 时,落料件在不同冲裁速率下冲裁后的断口形貌如图 3 - 97 所示。由图 3 - 97 可知,随着冲裁速率的升高,断口质量未发生显著变化。图 3 - 98 为冲裁载荷和冲裁速率之间的关系。由图 3 - 98 可知,升高冲裁速度同样不能显著增强冲裁载荷。因此,冲裁速率对电辅助冲裁工艺无显著影响,但从效率层面考虑,可采用较高的冲裁速率。

若以冲孔件断口质量判断脉冲电流对冲裁工艺的改善效果,则结果又略有不同。试样在电压 90 V 电辅助冲裁工艺后不同脉冲频率下冲孔件的断口形貌如图 3 - 99 所示。由图 3 - 99 可知,脉冲频率同样改善了冲孔件的断口质量,并且随着脉冲频率的升高冲孔件断口光亮带持续增宽。但与落料件不同的是,当脉冲频率升至 600 Hz 时,几乎整个断口区域均为光亮带,表明电辅助冲裁工艺对冲孔件断口质量的改善效果高于落料件。这是因为在电辅助冲裁工艺过程中,冲孔件始终受模具约束,所以成形过程较为稳定;而落料件受到约束较小,成形过程中易于发生旋转等运动,降低了断口质量。这是脉冲电流对落料件的改

(a) 25 mm/min

(b) 50 mm/min

(c) 100 mm/min

图 3 - 97　落料件在不同冲裁速率下冲裁后的断口形貌(电压 90 V,脉冲频率 200 Hz)

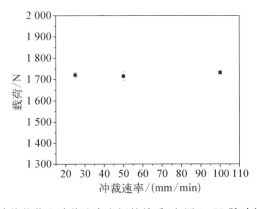

图 3 - 98　冲裁载荷和冲裁速率之间的关系(电压 90 V,脉冲频率 600 Hz)

善存在瓶颈的一个原因。因此,在实际电辅助冲裁工艺过程中,若要进一步改善落料件的断口质量,则需要设计一个反冲头,对落料件施加一个向上的约束力,令其在变形过程中保持相对稳定的运动。

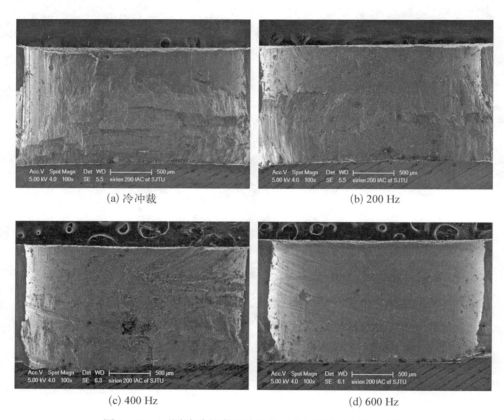

(a) 冷冲裁

(b) 200 Hz

(c) 400 Hz

(d) 600 Hz

图 3 - 99　不同脉冲频率下冲孔件的断口形貌(电压 90 V)

图 3 - 100 为当冲裁速率为 50 mm/min 时不同电参数下电辅助冲裁工艺后冲孔件的微观组织。由图 3 - 100 可知,即便脉冲电流对工艺引入了热效应,但由于电流分布存在强烈的不均匀性且整个电辅助冲裁工艺的时间较短(约为 1.8 s),整个工艺过程中未发生明显的动态再结晶和晶粒长大现象,该工艺特征对部分金属的加工是十分重要的。如 DP980 高强钢,当温度升高引发退火后,其微观组织将发生改变(马氏体分解),从而破坏其力学性能,因此会导致其微观组织劣化的相关工艺均不可用在该类金属上(如图 3 - 89 中 Kim 提出的电辅助冲裁工艺)。而本书提出的电辅助冲裁工艺由于其极强的非均匀性和瞬时性,很好地避免了材料的退火与相变,因此可运用于该类金属材料。除此以外,对比

图 3 - 100(a)与(b)中发生倾斜且拉长晶粒的分布,可以发现不同电参数下剪切影响区(发生显著剪应变的区域)宽度不同。当板材在电压 120 V、脉冲频率 200 Hz 脉冲电流下冲裁时,其剪切影响区的宽度为 238.5 μm;而当脉冲电流为电压 90 V、脉冲频率 400 Hz 时,其剪切影响区的宽度仅为 174.61 μm。显然,较高的脉冲频率能有效降低冲裁过程中剪切影响区的宽度,这再次证明了较高的脉冲频率对电辅助冲裁工艺更为有利。

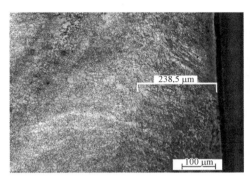 

(a) 电参数为电压120 V、脉冲频率200 Hz　　　(b) 电参数为电压90 V、脉冲频率400 Hz

图 3 - 100　电辅助冲裁工艺后冲孔件的微观组织

3.7　电致塑性微成形

3.7.1　实验设计

　　脉冲电流能极大降低 AZ31B 镁合金的变形抗力,改善材料塑性成形能力,却不适合存在局部减薄倾向的变形条件,因此较适合以压缩变形为主的电辅助成形工艺。Fu 等[24] 曾提出一种板料微成形工艺,其工艺流程如图 3 - 101 所示。该工艺以普通商业板材为原材料,成功通过板料挤压与冲裁的方式制造出小尺

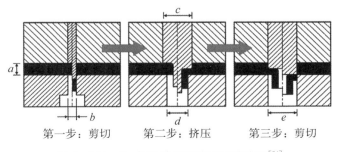

第一步:剪切　　　第二步:挤压　　　第三步:剪切

图 3 - 101　Fu 等设计的微成形工艺流程[24]

寸法兰零件。然而,该工艺成形载荷较大,仅适合塑性或成形能力较好的金属,故本书参考该工艺设计,结合脉冲电流辅助条件,设计了一种新的电辅助板料镦挤工艺。该工艺能完成难变形材料(AZ31B 镁合金)的微成形,在普通商业板材上挤出微小柱体,与其他工艺结合则可生产微小零件。

电辅助板料镦挤实验装置简图如图 3-102 所示,且上、下模同样通过纯铜电极与脉冲电源的两极相连接,并通过电木绝缘板分别与上、下模座绝缘。为保证模具在工艺过程中的强度,电辅助板料镦挤模芯同样采用 4Cr5MoSiV1(H11)热作模具钢。本实验的挤压对象为直径是 15 mm 的 AZ31B 镁合金圆片,这些镁合金圆片均已在 400℃下退火 3 h,并将其上、下端面磨光以减少摩擦并改善接触。为监控 AZ31B 镁合金及模具表面温度,将坯料和凸模外圆柱面涂黑,从而可将发射率设为 1。电辅助板料镦挤实验过程中,先令凸模下行至与坯料上表面接触并产生 200 N 的预紧力,接着启动电源,当最高温度升至稳态后,压头在进给速率下下压至不同的行程。最终,采用 SEM 观察了冲裁表面形貌,从而进一步分析研究了峰值电流、脉冲频率及冲裁速率对电辅助板料镦挤工艺的影响。电辅助板料镦挤实验参数如表 3-17 所示。

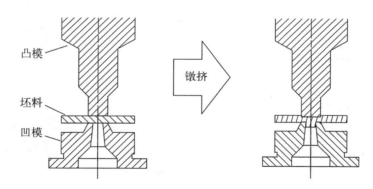

图 3-102　电辅助板料镦挤实验装置简图

表 3-17　电辅助板料镦挤实验参数

试验序号	峰值电流/A	脉冲频率/Hz	有效电流/A	温度/℃	行程/mm
No.1	0	0	0	室温	1.5
No.2	2 048	200	188.8	200	1.5
No.3	2 688	200	217.6	257	1.5
No.4	2 880	200	248.8	310	1.5

（续表）

试验序号	峰值电流/A	脉冲频率/Hz	有效电流/A	温度/℃	行程/mm
No.5	2 048	300	217.6	255	1.5
No.6	2 048	400	248	310	1.5

3.7.2 结果与分析

经冷态板料挤压和电辅助板料镦挤后的试样如图 3 - 103 所示。由图 3 - 103 可见，随着峰值电流及脉冲频率的升高，挤出高度值增高。这是因为，随着峰值电流或脉冲频率的升高，稳态温度也随之升高，AZ31B 镁合金的塑性也获得更好的改善，变形抗力降低，实验装置(特别是绝缘板)弹性变形量减小，工件变形所占变形的百分比提高。冷挤压后试样的纵切面如图 3 - 104 所示，由

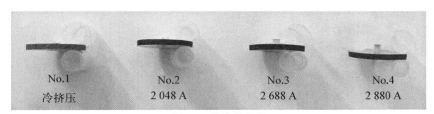

(a) 不同的峰值电流

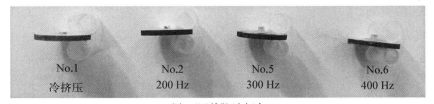

(b) 不同的脉冲频率

图 3 - 103 挤压后的试样

图 3 - 104 冷挤压后试样的纵切面

图可知即便冷挤压状态下 AZ31B 镁合金板材能产生一定的塑性应变(图 3 - 103 中 No. 1),但实际上零件已经发生了剪切断裂。这表明 AZ31B 镁合金板材必须要在较高的温度下才能挤压成形。

为了评估脉冲峰值电流强度和脉冲频率对 AZ31B 镁合金板材挤压改善的影响,在不同峰值电流和脉冲频率但相同行程下(见表 3 - 17)进行了电辅助板料镦挤工艺实验。图 3 - 105 为电辅助板料镦挤挤出高度随有效电流强度升高的关系。由图 3 - 105 可见,虽然随着有效电流强度的升高,受焦耳热效应的影响试样的温度也随之升高,AZ31B 镁合金塑性得到改善,相同位移下板材的挤出高度增加,但是受脉冲频率影响导致的有效电流升高能增加更多的挤出高度。这表明在电辅助板料镦挤工艺中脉冲频率为更加显著的影响因素,也侧面证明了脉冲频率对 AZ31B 镁合金的纯电塑性效应具备更强的影响。

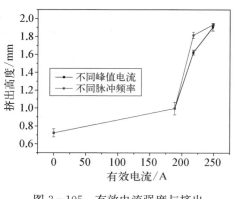

图 3 - 105　有效电流强度与挤出高度之间的关系

图 3 - 106 为不同参数下电辅助板料镦挤实验中的力与位移曲线。由图 3 - 106 可知,随着有效电流强度的升高,受热效应和电塑性效应影响材料的变形抗力减弱。然而通过对比相同有效电流强度但不同峰值电流及脉冲频率的力与位移曲线,可以发现即便变形温度和有效电流强度均相仿,但高脉冲频率下的变形抗力比高峰值电流下的变形抗力要低。对比 No. 3 和 No. 5 的数据,发现即便它们的有效电流均为 217. 6 A,变形温度也都约为 250℃,但 300 Hz 下的变形抗力(No. 5)比脉冲频率为 200 Hz 但峰值电流更高时(No. 3)变形的变形抗力要低。与之相似,对比 No. 4 和 No. 6 的力位移曲线,虽然它们的有效电流和变形温度分别约为 248 A 和 300℃,但 400 Hz 下的变形抗力(No. 6)更低。这再次证明了较高的脉冲频率能提高脉冲电流的纯电塑性,诱发更强烈的软化效果。此外,由于高脉冲频率下 AZ31B 镁合金电辅助板料镦挤的挤压力较低,因此实验装置弹性变形导致的位移占整体位移的比例也将降低,相应的挤压高度会更高,也是为什么图 3 - 105 中高脉冲频率下挤压能获得更高的挤压高度的主要原因。

图 3 - 107 是有效电流为 248 A、温度为 300℃(No. 4 和 No. 6)电辅助板

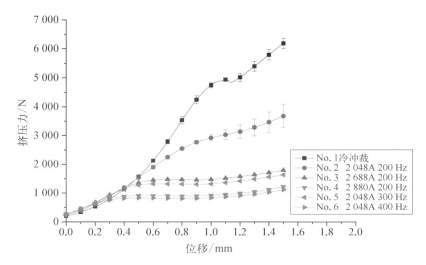

图 3-106 不同参数下电辅助板料镦挤实验中的力与位移曲线

料镦挤试样 SEM 图。很明显,电辅助板料镦挤工艺生产出来的圆柱零件表面非常光洁,垂直度也均良好。因此可以采用 AZ31B 镁合金板材的电辅助板料镦挤工艺生产小型零件。而且由于电辅助板料镦挤工艺更加方便且减少工艺道次与时间,和热挤压相比具备更强的实际价值。此外,虽然较高的频率及峰值电流强度均能生产出形貌、尺寸良好的微小零件(如图 3-107 所示),但由上述分析可知脉冲频率能更加显著地降低工艺过程中的变形抗力,因此从工艺优化的角度来看在电辅助板料镦挤工艺中宜采用较高的脉冲频率。

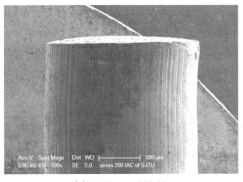

(a) 2 880 A、200 Hz   (b) 2 048 A、400 Hz

图 3-107 电辅助板料镦挤试样 SEM 图

3.8　其他电致塑性成形工艺

3.8.1　电致塑性拉拔[25]

3.8.1.1　不锈钢丝的电塑性拉拔

在正常工业生产中,随着冷加工变形量的增加,不锈钢丝的加工硬化十分严重,表现为塑性降低,强度提高,所以必须不断对其进行中间退火处理才能继续拔。对于 1.6 mm 的不锈钢丝(1Cr18Ni9),若按其正常生产工艺需经 12 道次拔制,并且还需经过两次中间退火处理才能拔制成直径是 0.45 mm 的细丝。而采用电塑性拉拔技术无须任何中间退火就可对该不锈钢丝进行连续拉拔。对比两种工艺下拉拔力变化的数据可看出,与普通拉拔相比,电塑性拉拔的拉拔力降低 20%～50%(见图 3-108);钢丝的抗拉强度降低 13%～34%(见图 3-109);伸长率则增加(见图 3-110)。实验表明:电塑性效应可大幅度降低加工硬化率,采用电塑性拉拔技术不仅取消了中间退火工序,而且所拉拔出的钢丝表面光滑、无划伤、竹节、毛刺等缺陷,表面质量优于普通拉拔工艺。

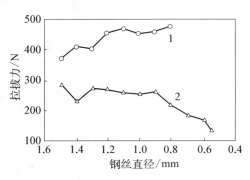

1—普通拉拔;2—电塑性拉拔。

图 3-108　两种拉拔工艺下拉拔力的变化[25]

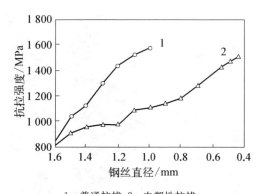

1—普通拉拔;2—电塑性拉拔。

图 3-109　两种拉拔工艺下钢丝
抗拉强度的变化[25]

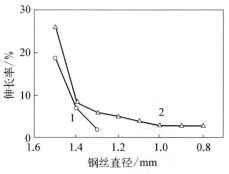

1—普通拉拔;2—电塑性拉拔。

图 3-110　两种拉拔工艺下钢丝
伸长率的变化[25]

在实验中结果发现,当脉冲电流通过金属变形区后,拉拔力迅速下降。脉冲电流的引入,使金属表面微粒子发生振动也可减低模具和工件间的摩擦力。因此,脉冲电流的引入既可降低被加工材料的内摩擦力,又可降低外摩擦力,从而导致了拉拔力的明显下降。

与不锈钢丝的普通拉拔工艺相比,电塑性拉拔技术降低了钢丝的变形抗力,提高塑性,改善了产品的表面质量,增加材料的成形极限,提高了模具的使用寿命,无须进行任何中间退火就能实现连续拉拔,从而提高生产效率,强化生产。

3.8.1.2　加工硬化后的高碳钢丝的电塑性处理

钢丝在加工过程中产生强烈的加工硬化,为了消除加工硬化不得不采用热处理炉加热进行反复退火,由此带来了钢丝生产效率低、处理周期长、钢丝表面氧化及脱碳严重、生产成本高昂、工作环境差等一系列问题。通过采用高能通电脉冲的电塑性处理对加工硬化的钢丝进行在线连续退火处理有可能解决这些问题(见图 3-111)。由于通电脉冲作用产生的热效应和非热效应结合,可以大大提高材料的再结晶形核率,加之加热时间极短,新相晶粒来不及长大,从而实现钢丝材料的组织细化,最终获得了大量微米、亚微米尺度的晶粒。这使得材料在保证具有高的强度的同时具有良好的塑性,因而提高了其使用价值。通过对钢丝进行电塑性处理可以改善其生产流程,实现了用在线连续电塑性处理工艺来取代钢丝材料常规的热处理炉退火工艺,以此提高钢丝机械性能、改善钢丝表面质量、提高工业生产效率、降低能耗、减少生产成本。以含碳量质量分数为 1.02% 的 Gcrl5 钢丝作为研究对象,直径为 2.00 mm 的原始退火态 Gcrl5 钢丝,经过冷拉变形后其直径变为 1.03 mm,此时抗拉强度为 1 310 MPa,延伸率为 2.5%,变形量达到 73.5%(见表 3-18)。再将发生严重加工硬化的 GQ15 钢丝在自行设计的通电脉冲拉丝设备上进行电塑性在线连续处理,观察电塑性处理对 Gcrl5 钢丝机械性能的影响。

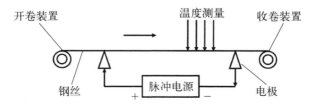

图 3-111　加工硬化的钢丝进行电塑性在线连续处理实验装置[25]

表 3－18　高能脉冲电塑性处理与热处理炉退火软化处理的对比[42]

［所选材料为直径 1.03 mm 的 GCr15 轴承钢（高碳钢）丝］

处理方法	电能转换效率/%	表面质量	生产环境	材料性能的均匀一致性	处理时间	抗拉强度/MPa	延伸率/%
高能脉冲处理	不小于 90	无明显氧化和脱碳，表面光亮	好，无须酸洗，无污染	处理的连续化稳态过程使材料均匀一致性好	几秒钟	675	25.5
常规热处理炉退火处理	30～40	表面发暗，存在明显氧化和一定的脱碳	差，需酸洗，污染严重	炉内存在温度分布不均匀性易造成材料的一致性差，性能偏差较大	十分钟	625	27
未进行处理的原始态（加工硬化状态）						1 310	2.5

　　对经过冷拉变形出现明显加工硬化的钢丝,在高能通电脉冲处理过程中钢丝产生一定的焦耳热效应和其他的非热效应。由于焦耳热效应和非热效应的耦合作用,使原子的振动能量急剧增加,位错的攀移能力提高,有利于材料中因加工硬化所形成的亚晶转动,因此促使再结晶进程的加速。通过显微组织分析在通电脉冲处理后的钢丝中观察到大量的微米和亚微米尺度的超细晶粒,这些再结晶后获得的超细晶粒有利于材料同时提高强度和延伸率。

　　利用高能通电脉冲对加工硬化的钢丝进行电塑性处理,实验结果表明与常规热处理炉处理相比具有生产成本低、可在线连续高效生产、节能、环保、钢丝表面质量改善并且综合机械性能好等优点。这一新工艺有可能取代目前钢丝的热处理工序,有良好的工业应用前景。

3.8.2　电致塑性轧制

　　以 1 000 mm×10 mm×2 mm 的 304 不锈钢带材为研究对象,通过实验不同的脉冲参数来确定最佳的电塑性轧制工艺[26]。实验前带材的热处理工艺为:加热至 1 100℃,保温 30 min 后水淬。对试样进行多道次轧制,每道次压下量为0.2 mm,实验中测得的相关参数如表 3－19 所示。同一工艺参数下进行 3 次重复实验,取各项数据的平均值。

表 3 - 19　轧制实验中测得的相关参数[26]

类别	电压/V	频率/Hz	均方根电流/(A·mm⁻²)	峰值电流/(A·mm⁻²)	温度/℃	轧制道次	累计变形量/%
冷轧						4	40
EPR1	120	300	19.4	198	320	6	60
EPR2	120	400	22.1	182	412	6	60
EPR3	120	500	22.7	172	487	6	60
EPR4	120	600	23.6	163	545	6	60

3.8.2.1　电塑性轧制对带材变形抗力的影响

采用 1 000 mm×10 mm×2 mm 的 304 不锈钢带材作为研究对象。实验前带材的热处理工艺为：加热至 1 100℃，保温 30 min 后水淬。在不锈钢由厚度 2.0 mm 变为 1.8 mm 的第 1 道次轧制中，测量了不同轧制条件下材料的变形抗力。不同轧制条件下变形抗力变化如图 3 - 112 所示。

冷轧时，材料的变形抗力高达 16.5 kN；引入脉冲电流后，材料的变形抗力明显减小，并且随着通电脉冲频率的增加其降低幅度越来越大。当施加 500 Hz 的脉冲电流时，材料的变形抗力降至 12.2 kN 左右，降低幅度高达 26%。

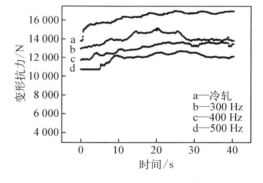

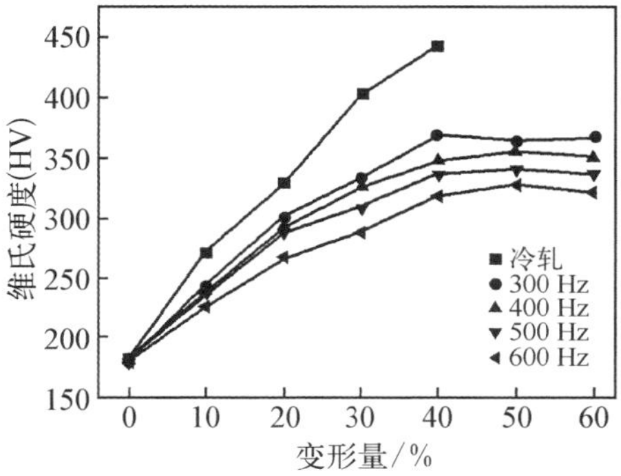

图 3 - 112　不同轧制条件下变形抗力变化

3.8.2.2　电塑性轧制对带材力学性能的影响

不同轧制条件下试样的维氏硬度变化如图 3 - 113 所示。从图 3 - 113 中可以看出，不论是冷轧还是电轧，试样的硬度都随变形量的增加而增大，增大趋势则随变形量的增大而逐渐减小，冷轧的加剧程度则要远远高

图 3 - 113　不同轧制条件下试样的维氏硬度变化[26]

于电塑性轧制。在电塑性轧制中,同等变形量情况下,试样的硬度随脉冲电流频率的增加而减少。到达一定变形量后,试样硬度趋向于一个稳定值。

图 3-114 所示为不同轧制条件下试样力学性能的变化,其中图 3-114(a)所示为抗拉强度的变化情况,图 3-114(b)所示为伸长率的变化情况。由图可知,随着变形量增加,试样的抗拉强度基本都呈上升趋势,而伸长率则不断下降。其中,冷轧试样的抗拉强度要高于电塑性轧制试样,而其相对应的伸长率则远远小于同等变形量的电轧试样。

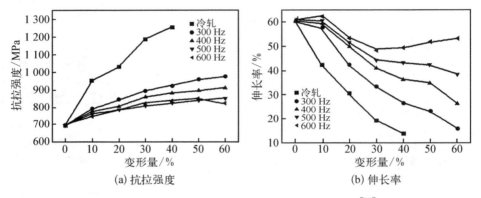

图 3-114　不同轧制条件下试样力学性能的变化[26]

电轧中,随频率增加,试样的抗拉强度基本呈降低趋势,而相应伸长率则不断增加。然而,当变形量为 20%～50% 时,施加 600 Hz 的通电脉冲,试样的抗拉强度反而比 500 Hz 时的大,此时其伸长率也很大。此外,由图 3-114 可以发现,低频率轧制后的试样其抗拉强度随变形量的增加而提高,伸长率逐渐减小,变化程度依次降低。而经受 600 Hz 脉冲电流轧制的试样,其抗拉强度随变形量的增加先是逐渐升高,到达一个极值点后开始降低。相应地,其伸长率先是呈下降趋势,达到一个最低点后缓慢升高。这表明,在电轧过程中存在一个最佳频率(120 V/600 Hz)。在此频率下,可以达到强度和塑性的最佳匹配。此时,同固溶态的原始试样相比,变形 50% 的电塑性轧制试样既具有高的抗拉强度,又具有很好的塑性。

3.8.2.3　电塑性轧制对带材显微组织的影响

在不同处理状态下试样进行拉伸实验后断口形貌如图 3-115 所示。原始试样的断口表现为大小不一的撕裂棱,在撕裂棱之间分布着众多的韧窝,断裂方式为韧性断裂。变形 30％试样进行冷轧后,断口的韧窝形态的不均匀性加剧,有些地方大的韧窝较多,而有些地方小的韧窝聚集。施加脉冲电流轧制的试样,其断口的韧窝趋于均匀,并且随脉冲频率增加,出现小而密集的趋势,这与力学性能有很好的对应关系。

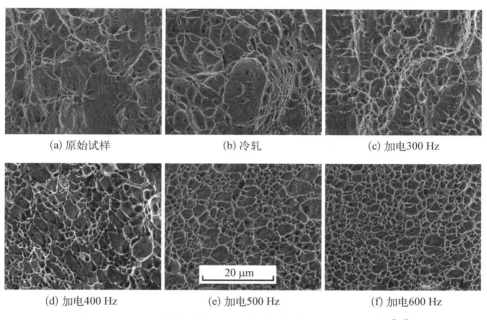

(a) 原始试样　　　　　　(b) 冷轧　　　　　　(c) 加电300 Hz

(d) 加电400 Hz　　　　　(e) 加电500 Hz　　　　　(f) 加电600 Hz

图 3-115　在不同处理状态下试样进行拉伸实验后断口形貌[26]

在不锈钢的轧制过程中引入高能脉冲电流,能有效降低其变形抗力,最大降幅可达 26％。在同等变形量下,电轧后试样的硬度和抗拉强度要小于冷轧试样的相应性能,而伸长率则高出许多,并且随频率及变形量增加,这种差距越来越显著。此外,在某一合理的电参数下,如本实验的 120 V/600 Hz,不锈钢可以获得良好的力学性能,具有较高的抗拉强度和较大的伸长率。由此可见,高能通电脉冲能有效地降低材料的加工硬化程度,提高其塑性变形性能,从而可以在不进行中间退火的情况下,增加轧制道次,提高总变形量,轻松获得更薄的板材带材。

3.8.3　电致塑性气胀成形[27]

以板厚为 1.2 mm 的工业态 AZ31 镁合金板材为实验材料,其化学成分(质量分数)分别为:Al 3.0％,Zn 0.95％,Mn 0.28％,Mg 余量。其原始金

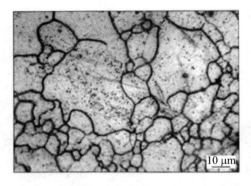

图 3 - 116 工业态 AZ31 镁合金板材的原始金相显微组织

相显微组织如图 3 - 116 所示,材料的晶粒形状基本等轴,但大小极不均匀。大的晶粒尺寸为 60 μm 左右,小的晶粒尺寸仅为几微米,这与典型的等轴、细晶超塑性组织有着显著的区别。

其采用的脉冲电流加热工艺参数如表 3 - 20 所示,其中 1 号实验方案为采用普通加热的气胀成形实验。

表 3 - 20 工业态 AZ31 镁合金气胀成形脉冲电流加热工艺参数[27]

实验编号	峰值电流密度/ (A·mm^{-2})	占比/%	平均电流密度/ (A·mm^{-2})	试样温度/℃
1	0	0	0	400
2	22.5	100	22.5	400
3	30	75	22.5	400
4	45	50	22.5	400

3.8.3.1 自由胀形

采用表 3 - 20 的不同脉冲电流参数,在相同胀形温度及相同加压速率等变形条件下,对工业态 AZ31 镁合金进行自由胀形实验。不同峰值电流密度下自由胀形得到的半球形试件如图 3 - 117 所示。

由图 3 - 117 可以看出,在该变形条件下,工业态 AZ31 镁合金板材展现出良好的气胀成形性能。在相同成形气压及成形温度下,气胀成形的半球结构的高径比(高度与半径之比)随着脉冲电流的施加以及电流峰值密度的增大而增大,其数值由在没有电流施加的普通气胀成形时的 0.40 提升到了在峰值电流密度为 45 A/mm^2 时的 0.48,提高了 20%。这表明在气胀成形过程中,脉冲电流起到了加热与保温的作用,为板材的气胀成形提供了所需的高温。同时,由于存在电塑性效应,脉冲电流还在一定程度上提升了工业态 AZ31 镁合金板材的气胀成形能力。

3.8.3.2 显微组织

图 3 - 118 所示为气胀成形结束后不同变形条件下工业态 AZ31 镁合金板

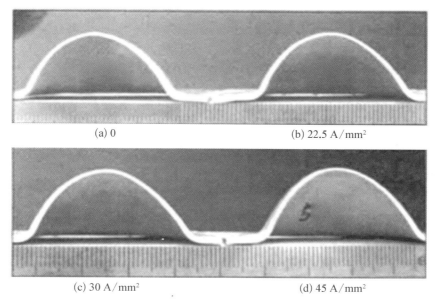

(a) 0　　　　　　　　　　　　　　　(b) 22.5 A/mm²

(c) 30 A/mm²　　　　　　　　　　　(d) 45 A/mm²

图 3-117　不同峰值电流密度下自由胀形得到的半球形试件

材试件顶部的显微组织。由图 3-118 可见,变形结束后,材料内部的晶粒仍为等轴状,且大小仍不均匀。在引入脉冲电流的变形条件下,如图 3-118(b)～(d)所示,在晶粒内部有大量的孪晶组织。具有密排六方结构的 AZ31 镁合金,由于滑移系少,滑移变形难以进行,因此孪生变形在材料成形过程中会起到一定的作用。随着脉冲电流的引入及其峰值电流密度的增大,显微组织中孪晶的数量不断增多,可以推断,正是脉冲电流的引入,提升了不全位错的运动能力,从而促进了孪生变形,使得工业态 AZ31 镁合金的气胀成形能力得到了提升。

　　图 3-119 所示为不同变形条件下气胀成形后试件破裂处断口的 SEM 图像。由图 3-119 可见,该位置附近分布着大量的空洞及裂纹,这是因为在工业态 AZ31 镁合金的气胀变形过程中,原始组织中的小晶粒发生了转动,其晶界产生了滑移。而当与之相适应的物质流动过程(如扩散蠕变或者位错蠕变)不能弥合晶界滑移所造成的空隙,或者这种弥合的速度跟不上空隙发展的速度时,就必然会在三角晶界位置处产生空洞。当大量的空洞连接聚集在一起时,形成裂纹,最终将导致材料破裂,这是气胀成形件破裂的主要原因之一。

　　在图 3-119 所示的断口形貌中还可观察到撕裂棱及韧窝等特征,尤其是在

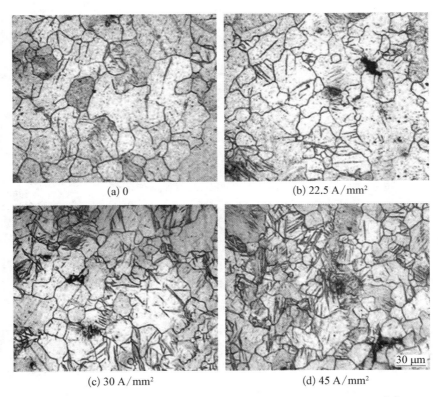

(a) 0

(b) 22.5 A/mm²

(c) 30 A/mm²

(d) 45 A/mm²

图 3-118 不同峰值电流密度下气胀成形后试件顶部的显微照片[27]

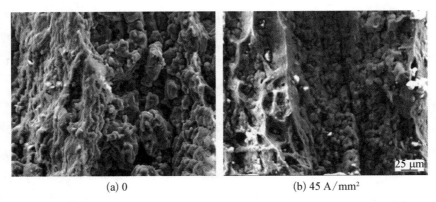

(a) 0

(b) 45 A/mm²

图 3-119 不同变形条件下气胀成形后试件破裂处的断口 SEM 图像[27]

图 3-119(b)所示的脉冲电流变形条件下,这一特征更加明显。可以推断,由于工业态 AZ31 镁合金的原始组织中有一些尺寸较大的晶粒,而这部分晶粒在变形过程中发生转动、晶界滑移与扩散蠕变等较为困难,因此在该变形条件下,一

定还存在着其他的变形机制。通过对成形后试样显微组织的分析可知,这部分变形的机制主要包括晶内的位错滑移与孪晶、滑移控制的位错蠕变等。在变形后的晶粒内部观察到了大量位错,也进一步证实了上述观点。

图 3－120 所示为工业态 AZ31 镁合金板材采用普通热气胀成形及脉冲电流辅助气胀成形后试件顶部的 TEM 图像。由图 3－120 中可以看出,两种变形条件成形后的试样 TEM 图像中,晶粒内部均发现大量的位错,这与传统的细晶 AZ31 镁合金板材超塑成形的显微组织有着显著的区别。

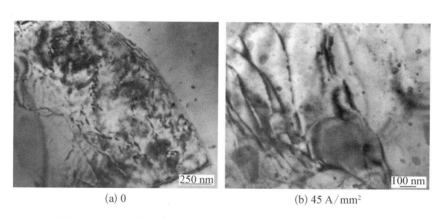

(a) 0   (b) 45 A/mm²

图 3－120　不同峰值电流密度下工业态 AZ31 镁合金板材气胀
成形后试件顶部的 TEM 图像[27]

对于普通的热气胀形过程,在晶粒内部及晶界处观察到了大量的位错塞积与缠结,如图 3－120(a)所示。这表明随着变形的进行,新增殖的位错在滑移运动过程中发生了塞积与缠结,从而使位错的运动阻力持续增大。而这使变形更加困难,从而降低了材料的成形能力。

当采用脉冲电流辅助气胀成形工艺时,试样中的位错线主要为平直形,如图 3－120(b)所示,可以推断此时位错的滑移运动能力较强,滑移比较顺畅,较少出现位错的塞积与缠结。结果表明:在脉冲电流的作用下,取向最为有利的滑移系开始活动,这部分可动位错借助于电子风力的作用,运动能力更加增强,使其他滑移系失去了开启的必要性,因此在脉冲电流的作用下,滑移线大致呈平行状。此外,由图 3－120(b)还可以看出,在晶界附近处,位错并没有出现塞积现象,表明晶界附近的位错可以通过攀移及滑移的方式沿着晶界运动,或者在该处与异号位错相遇而湮灭,而位错攀移分量所产生的扩散通量还可促进扩散蠕变,协调晶界的转动与滑动,从而进一步促进材料的变形。

由此可以推测,在脉冲电流的作用下,位错的运动能力得到增强,促进了晶粒的转动与晶界的滑移,提升了位错的滑移与蠕变能力,从而提高了工业态 AZ31 镁合金的气胀成形极限。

3.8.3.3 成形机制

脉冲电流能够提升工业态 AZ31 镁合金的气胀成形极限,内在机理主要是脉冲电流的施加会对位错运动产生影响,其根本原因是大量定向漂移运动的电子群会对位错段产生一个类似于外加应力的电子风力,促进了位错的运动。位错弯结的侧向滑动引起的位错滑移如图 3 - 121 所示。位错的运动需要翻越一定的势垒,由于位错的热振动可能使位错在某些地方因热激活而翻越势垒形成弯结,而弯结沿着位错线作侧向运动,从而使整根位错翻越势垒实现向前滑动。

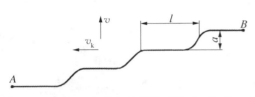

图 3 - 121　位错弯结的侧向滑动引起的位错滑移[28]

位错的可动性与位错弯结的扩散性成正比,位错弯结的扩散性 D_k[28] 的表达式为:

$$D_k \approx f \cdot h^2 \exp\left(-\frac{W_m}{kT}\right) \tag{3-23}$$

式中:f 是原子振动频率;W_m 是激活自由能;h 是弯结跳跃的距离;k 是玻尔兹曼常数;T 是热力学温度。

式(3-20)中的激活自由能 W_m 的表达式为:

$$W_m = Q - \Delta W - T\Delta S \tag{3-24}$$

式中:Q 是内能;ΔW 是外力对位错所做的功;ΔS 是熵值变化。

由于脉冲电流的存在,位错会受到一个额外的电子风力的作用,因此 ΔW 会增大,使激活自由能降低,从而提升了位错的扩散活性。而位错向前滑移的速度为:

$$v = \frac{a}{l} D_k \frac{\sigma b a}{kT} \tag{3-25}$$

式中:σ 是作用在滑移系上的分切应力;a 和 l 是位错弯结尺寸(见图 3 - 120);b 是柏氏矢量。由式(3-24)和式(3-25)可知,在脉冲电流的作用下,位错弯结

的扩散性 D_k 得到了提高,从而提高了位错的运动速度,增强了位错的可动性。而位错运动能力的增强无疑将促进晶粒的转动与晶界滑移,并提高位错的滑移与蠕变能力,进而促进工业态 AZ31 镁合金的变形,提升其气胀成形极限。

一般认为电子风力与位错处的电阻有关。当电子遇到位错时,会产生功率消耗,而消耗的功率用于对位错做功,表达式为:

$$\left(\frac{\rho_D}{N_D}\right)N_D J^2 = F_{eW} N_D v_e \tag{3-26}$$

式中:ρ_D 是位错的电阻率;N_D 是位错密度;v_e 是电子运动速度;J 是电流密度;F_{eW} 是单位长度位错上所受的电子风力。

式(3-26)中电流密度为:

$$J = -e n_e v_e \tag{3-27}$$

式中:e 是电荷;n_e 是电子浓度。将式(3-27)代入式(3-26)可得

$$F_{eW} = \left(\frac{\rho_D}{N_D}\right)e n_e J \tag{3-28}$$

由式(3-28)可知,位错所受的电子风力与电流密度成正比。即同样条件下,电流密度越大,电子风力越大,其对位错可动性的提升效果就越明显。这也是图 3-117 中试件的高径比随电流密度的增加而提高的原因。

3.9　本章小结

本章对电塑性的多种成形工艺,如电致塑性拉深、电致塑性弯曲、电致塑性渐进成形等进行了介绍,主要结论如下:

(1) 介绍了铝锂合金和镁合金的电致塑性拉深实验结果。针对 5A90 铝锂合金,完成了十字件电塑性拉深实验,研究表明电流可以提高 5A90 铝锂合金的成形质量,降低变形过程中的成形力,有效电流越大,效果越明显。针对 AZ31 镁合金,研究了其在室温和通电条件下圆筒形件拉深成形性能,结果表明 AZ31 镁合金室温拉深成形性能很差,只能拉深成浅碟形件,发生明显的脆性断裂,通电脉冲可明显提高 AZ31 镁合金的拉深深度。随着电流强度和脉冲频率的增大,极限拉伸深度也随之增大,但相同温度下分别提高电流强度和脉冲频率,拉深深度都没有明显变化,温度对拉深成形性能的改善起主要作用;

（2）研究了 5A90 铝锂合金、TC4 钛合金、SUS304 不锈钢和 DP980 高强钢的电致塑性弯曲行为。针对 5A90 铝锂合金，通过电塑性折弯模拟和折弯实验发现通电脉冲可以有效提高其塑性，降低成形力，抑制裂纹的出现，降低折弯回弹角，提高成形质量。有效电流越大，效果越明显。通过 TC4 钛合金电塑性 V 形弯曲实验，可以发现脉冲电流可以有效提高 TC4 钛合金的成形质量，降低回弹角和弯曲成形时的载荷。通过对 SUS304 奥氏体不锈钢进行 90°V 形电塑性折弯实验，测定了材料在不同轧制方向不同电流密度下的行程载荷和回弹值。实验结果表明，在电塑性折弯过程中，折弯力随着电流密度的增大而降低，回弹角随着电流密度的增大而减小，在电流密度达到一定值时回弹甚至可以完全消除。基于回弹实验结果中的电流密度与回弹角的趋势，发现电流密度和回弹角有近似线性的关系。通过对 DP980 高强钢进行了电塑性 V 形弯曲实验研究，分析了脉冲电流及电参数对 DP980 高强钢弯曲回弹及弯曲力的影响，研究发现 DP980 高强钢冷弯时回弹明显，引入脉冲电流后能够明显减小回弹。增加通电电压和脉冲频率，更有利于减小 DP980 高强钢的回弹。通电弯曲能够在一定程度上减小弯曲力，对于较大的电参数和较小的板宽的效果更加明显。

（3）通过所设计和开发的电辅助加热单点/双面板料渐进成形系统，以 AZ31B 镁合金为研究对象，验证了在板料渐进成形中电辅助加热技术在提高材料成形性方面的能力，并详细地讨论了成形温度选择的思路。所开发的单点/双面板料数控渐进成形设备通过在支撑工具一侧布置气缸以提供背压，成功地避免了在进行双面板料渐进成形时因材料减薄和零件回弹所导致的支撑工具与板料脱离接触现象的出现。在电辅助加热板料渐进成形中，成形温度具有局部加热、周期性变化等特点。在满足所设计零件对材料成形性要求的前提下，应尽可能地选择较低的成形温度以避免表面质量差、工具过热等问题。与电辅助单点板料渐进成形技术相比，在电辅助双面板料渐进成形提供了更为丰富的电流加载方案。

（4）在 175℃下进行了 AZ31B 镁合金脉冲辅助的滚轮包边实验。结果表明，在此温度下，该材料能够完成 180°包边，包边件具有较好的表面质量。微观组织分析表明，脉冲电流能够在较低的温度下、在弯曲变形区促进材料内部发生动态再结晶，改善材料成形性能。宏观硬度测试结果表明，通电脉冲包边后材料整体硬度有所上升，提高了材料的耐磨性。

（5）AZ31B 镁合金和 DP980 高强钢板材的扩孔实验的结果表明，温度是影响扩孔率的主要因素：温度越高，扩孔率越高。对比两种材料温度对材料扩孔率的影响可知，AZ31B 镁合金的扩孔率受温度的影响比 DP980 高强钢板材更加显著。

（6）电辅助冲裁工艺成功将脉冲电流引入冲裁工艺，并显著改善了零件的断口质量。不仅如此，相对于脉冲电压来说，脉冲频率对工艺效果的影响更为显著。随着频率的升高，零件断口的光亮带增宽，当频率升至 600 Hz 后，冲孔件整个断口均为光亮带。除上述优点外，由于电流的局部效应及短暂的工艺时间，电辅助冲裁工艺能有效避免热效应对材料微观组织的影响，因此可用于微观组织对温度敏感的材料的冲裁成形。

（7）电辅助板料镦挤工艺能显著降低成形载荷，并且较高的频率能更加有效地降低成形载荷，在该工艺中脉冲频率影响更大。

参考文献

［1］　高锦张. 塑性成形工艺与模具设计［M］. 北京：机械工业出版社，2001.

［2］　张士宏，宋广胜，宋鸿武，等. 镁合金板材温热变形机理及温热成形技术［J］. 机械工程学报，2012，48(18)：28 - 34.

［3］　GUAN L, TANG G Y, JIANG Y B, et al. Texture evolution in cold-rolled AZ31 magnesium alloy during electropulsing treatment ［J］. Journal of Alloys and Compounds，2009，487(1)：309 - 313.

［4］　ZHANG H, HUANG G S, FAN J F, et al. Deep drawability and deformation behavior of AZ31 magnesium alloy sheets at 473K ［J］. Materials Science and Engineering：A，2014，608：234 - 241.

［5］　XIE H Y, WANG J F, PENG F, et al. An investigation of electroplastic effect on formability of AZ31B sheet metal ［C］. In NUMISHEET 2014：The 9th International Conference and Workshop on Numerical Simulation of 3D Sheet Metal Forming Processes：Part A Benchmark Problems and Results and Part B General Papers，AIP Publishing，2013，1567(1)：950 - 953.

［6］　LIU K, DONG X H, XIE H Y, et al. Effect of pulsed current on the deformation behavior of AZ31B magnesium alloy ［J］. Materials Science and Engineering：A，2015，623：97 - 103.

［7］　YAMASHITA H, UENO H. Enhancing deep drawability through strain dispersion using stress relaxation ［C］. In NUMISHEET 2014：The 9th International Conference and Workshop on Numerical Simulation of 3D Sheet Metal Forming Processes：Part A Benchmark Problems and Results and Part B General Papers，AIP Publishing，2013，1567(1)：688 - 691.

［8］　HARIHARAN K, MAJIDI O, KIM C, et al. Stress relaxation and its effect on tensile deformation of steels ［J］. Materials & Design，2013，52：284 - 288.

［ 9 ］ 季筱玮. 高强度钢板弯曲回弹及其控制研究［D］. 重庆：重庆大学,2012.

［10］ 包向军. 变截面薄板弯曲成形回弹的实验研究和数值模拟［D］. 上海：上海交通大学,2003.

［11］ CONRAD H, SPRECHER A F, CAO W D, et al. Electroplasticity—the effect of electricity on the mechanical properties of metals［J］. JOM, 1990：42（3）：28 - 33.

［12］ KLIMOV KM, SHNYREV GD, NOVIKOV II. Electro-Plasticity of metals［J］. Doklady Akademii Nauk SSSR, 1974：219（2）：323 - 324.

［13］ TSLAF A L. A thermophysical criterion for the weldability of electric contact material in a steady-state regime［J］. IEEE Transaction CHMT, 1982, 5（1）：147 - 152.

［14］ 范国强. TC4 板材局部自阻电加热数控渐进成形的研究［D］. 南京：南京航空航天大学,2010.

［15］ MALHOTRA R, CAO J, REN F, et al. Improvement of geometric accuracy in incremental forming by using a squeezing toolpath strategy with two forming tools［J］. Journal of Manufacturing Science and Engineering-Transactions of the ASME, 2011, 133（6）：061019 - 061028.

［16］ BRUNI C, FORCELLESE A, GABRIELLI F, et al. Effect of temperature, strain rate and fiber orientation on the plastic flow behavior and formability of AZ31 magnesium alloy［J］. Journal of Materials Processing Technology, 2010, 210（10）：1354 - 1363.

［17］ AMBROGIO G, FILICE L, MANCO G L. Warm incremental forming of magnesium alloy AZ31［J］. CIRP Annals-Manufacturing Technology, 2008, 57（1）：257 - 260.

［18］ ZHANG Q L, GUO H L, XIAO F G, et al. Influence of anisotropy of the magnesium alloy AZ31 sheets on warm negative incremental forming［J］. Journal of Materials Processing Technology, 2009, 209（15 - 16）：5514 - 5520.

［19］ SY L V, NAM N T. Hot incremental forming of magnesium and aluminum alloy sheets by using direct heating system［J］. Proceedings of the Institution of Mechanical Engineers, Part B：Journal of Engineering Manufacture, 2013, 227（8）：1099 - 1110.

［20］ LIN G, IYER K, HU S J, et al. A computational design-of-experiments study of hemming processes for automotive aluminium alloys［J］. Proceedings of the Institution of Mechanical Engineers, Part B：Journal of Engineering Manufacture, 2005, 219 （10）：711 - 722.

［21］ CHEN F K, HUANG T B, CHANG C K. Deep drawing of square cups with magnesium alloy AZ31 sheets［J］. International Journal of Machine Tools and Manufacture, 2003, 43（15）：1553 - 1559.

［22］ JIANG Y B, TANG G Y, SHEK C H, et al. Mechanism of electropulsing induced recrystallization in a cold-rolled Mg - 9Al - 1Zn alloy［J］. Journal of Alloys and Compounds, 2012, 536：94 - 105.

［23］ KIM W, YEOM K-H, THIEN N T, et al. Electrically assisted blanking using the electroplasticity of ultra-high strength metal alloys［J］. CIRP Annals-Manufacturing Technology, 2014, 63（1）：273 - 276.

［24］ Fu M W, Chan W L. Micro-scaled progressive forming of bulk micropart via directly using sheet metals[J]. Materials & Design, 2013, 49: 774 - 783.

[25]　唐国翌, 姜雁斌, 崔敬泉. 电致塑性拉拔及电致塑性处理技术的应用[J]. 冶金设备, 2008(3): 63 - 66.

[26]　郑兴鹏, 唐国翌, 宋国林, 等. 304 不锈钢带材电致塑性轧制[J]. 钢铁, 2014, 49(11): 92 - 96.

[27]　李超, 李彩霞, 赵闪. 脉冲电流条件下工业态 AZ31 镁合金板材的气胀成形[J]. 中国有色金属学报, 2015, 25(3): 553 - 559.

[28]　余永宁, 毛卫民. 材料的结构[M]. 北京: 冶金工业出版社. 2001: 209 - 213.

第4章 板料电致塑性成形技术工业应用

4.1 电致塑性成形技术工业应用发展现状

4.1.1 脉冲电源设备

清华大学深圳研究生院和哈尔滨虹桥金属制品有限公司共同研发了一种利用高能通电脉冲对金属丝材及带材在线连续处理的设备,如图4-1所示。该设备包括工作箱,箱内设两个导电夹具,工作箱上边设绝缘支架;高能脉冲电源,电源的两输出端分别连接两导电夹具,通过两导电夹具将该电源提供的高能脉冲电流导入穿过工作箱的运动着的连续金属线加电区域段处理;设置在运动的金属线的加电区域段周围的强制冷却装置,用于对运动的金属线的加电区域段同时进行强制冷却。该电致塑性加工处理设备结构简单,可取代目前退火工序使用的热处理炉,能够实现在线连续退火处理,处理时间短,可大大提高生产效率,能耗低,环境得到改善,处理后的金属线或带材质量稳定性好,能够获得优异的综合性能。

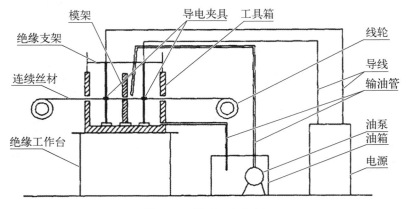

图4-1 设备示意图

　　另外,清华大学深圳研究生院和哈尔滨虹桥金属制品有限公司成功研制了THDM－Ⅰ型脉冲电源(见图4－2),其具有低电压、大电流、高密度等特点。该设备应用于冷加工金属材料可减少污染并节约能耗,因此得到了广泛应用。该脉冲电源由两部分组成:

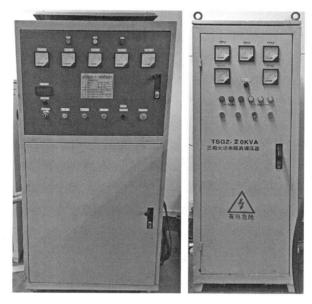

图 4－2　THDM－Ⅰ型脉冲电源

　　(1)电源控制系统(左侧箱体)。

　　(2)电动调压和隔离变压器(右侧箱体)。

　　具体参数见表4－1,此设备能够调节的参数有通电电压和脉冲频率。

表 4－1　脉冲电源参数

功率 /kW	输入电压 /V	输出工作频率 /Hz	端头输出电压 /V	最大脉冲峰值电流 /A	脉宽 /μs
15	三相380	100～1 000	30～140	5 000	80

　　上海交通大学与中山华星电源科技有限公司联合开发了低电压大电流(20 000A/12 V)脉冲电源,如图4－3所示。该设备兼有脉冲和换向的双重功能,机内装有同样性能的两组单脉冲电源,正、反向脉冲电流的参数均可单独调

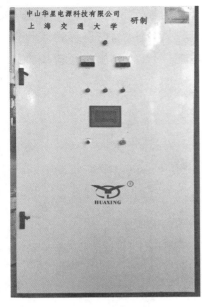

图 4 - 3 　低电压大电流脉冲电源

节,互不影响,可同时作为两台单脉冲电源使用,主要功能为输出毫秒级周期换向脉冲(简称"双脉冲")电流。另外,还可输出同等参数的两组脉冲,两组直流,直流叠加脉冲,直流与脉冲换向,间断脉冲,对称或不对称方波交流电等多种波形。

4.1.2　不同电致塑性成形工艺

基于电流加热的优点,在塑性成形领域自阻加热成形技术有着广泛的应用,并在提高材料综合性能、影响微观组织和形貌等方面取得显著成果。目前,电塑性成形技术已应用于热冲压、弯曲成形、热轧制、插齿、拔丝、气胀等工艺中。

在电塑性冲压方面,日本学者 Mori 等[1]利用自阻加热技术,改变了电流的流动方式。采用绕流和分流的方式,对板材的局部进行加热。相比传统的电流加热方式进一步提高了加热的效率,使板材需要成形的部位通过电流加热达到所需成形的温度,提高材料的成形性能。Mori 等[2]还将自阻加热技术应用在冲裁工艺中,对高强钢板材进行了自阻加热冲裁工艺研究,以降低冲裁力,提高剪切边缘的质量。同时,为了克服板材整体加热带来的加热效率低、尺寸精度差的弊端,开展了局部自阻加热冲裁工艺研究。在局部自阻加热冲裁成形过程中仅对需要冲裁的部位通电加热,这样能进一步提高加热效率,降低板材的氧化程度。在电塑性插齿成形方面,Mori 等[3]通过将自阻加热技术与插齿工艺结合成形出高强钢齿轮滚筒。与冷插齿工艺相比,自阻加热插齿工艺成形的齿轮滚筒零件表面质量更高。在齿轮滚筒零件成形后利用模具进行淬火,提高成形件的硬度值,所能达到的最大硬度值相当于拉伸强度为 1.2 GPa 的等效硬度值。

在电塑性热轧制方面,Yanagimoto 等[4]利用 ZA31 镁合金进行轧制实验。实验中的轧制力大大减小,变形能力明显改善,并且成形零件表面质量与室温下成形的零件相比一样好,并且发现 AZ31 镁合金的拉伸裂纹属于脆性断裂。Liao 等[5]对于 Bi2223/Ag 材料也得出了类似的结论,即在成形过程中的轧制力减小,材料的变形能力有所改善。

在电塑性弯曲成形方面,Salandro 等[6]通过对比实验发现电塑性弯曲成形过程中的成形力相比冷成形工艺可大幅度减小,最高可减小 77%,所需要的能量也减少。并且在所采用的假定模型中,只考虑电流产生的电致塑性和焦耳热效应来预测成形过程中的弯曲力,发现回弹角的大小取决于电流密度的大小。当电流密度足够大时,才会产生电致塑性效应。

在电塑性气胀方面,Maeno 等[7]将自阻加热技术应用到了中空高强钢汽车零部件的成形工艺中。采用密封空气下自阻加热,首先,将管材内部的压力增加到 2.50 MPa;其次,进行自阻加热;最后,加热到成形温度后断电冲压成形。自阻加热时间仅仅需要 7.5 s,温度就可以迅速升高到 950℃。这体现了自阻加热方式升温速度快、效率高等优势,并且在成形过程中无须控制气压,操作简便且易于控制。Maeno 等[8]也将电流自阻加热技术运用到了铝合金管材的气胀成形工艺中。Maki 等[9]将自阻加热技术运用到了 A357 铝合金的半固态成形工艺中。坯料通电加热时,需施加一定载荷,以保证电极和坯料接触良好,避免在接触处出现打火。通过控制电热参数和成形压力,顺利完成了该合金的半固态成形,而且成形件质量良好。王博等[10]对 $SiC_p/2024Al$ 复合材料进行了脉冲电流辅助拉深成形工艺研究。坯料在 21.7 A/mm^2 的电流密度下可达到成形温度 400℃,同时铜/钢复合电极的使用使坯料的温度分布更加合理。脉冲电流可以使坯料的塑性和韧性得到提高,成形件如图 4-4 所示。该零件表面质量良好,壁厚分布均匀,并具有较高的尺寸精度。

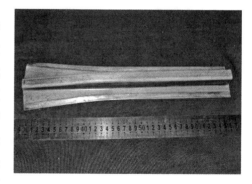

图 4-4　$SiC_p/2024Al$ 复合材料拉深成形件

李超等[11]对 AZ31 镁合金进行了电流辅助超塑自由胀形工艺研究。图 4-5 为脉冲电流辅助超塑自由胀形装置图,其中陶瓷模具的使用可使超塑成形时板材始终有电流通过。这样不仅可利用电流实现加热保温,使成形温度维持在相对稳定的状态,而且可利用电流的电致塑性效应提高板材的超塑性能。实验结果表明,该工艺能显著提高生产效率,降低能量损耗。

图 4-6 为电流辅助自由胀形试样和炉温加热自由胀形试样的截面图。由图 4-6 可知,在脉冲电流作用下胀形件的高径比可以达到 0.48,高于炉温加热

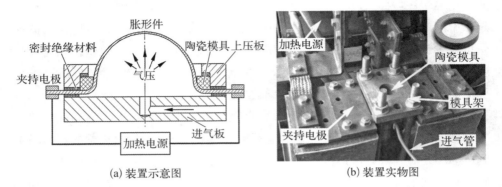

(a) 装置示意图　　　　　　　　　　(b) 装置实物图

图 4-5　脉冲电流辅助超塑自由胀形装置图

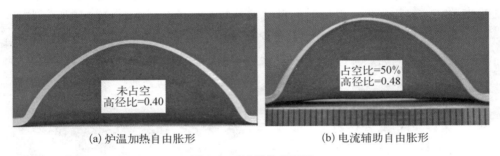

(a) 炉温加热自由胀形　　　　　　　(b) 电流辅助自由胀形

图 4-6　试样的截面图

胀形件的高径比(0.4)。由此可知 AZ31 镁合金在脉冲电流作用下可以表现出更好的超塑性能。

4.2　电致塑性成形技术的工业应用实例

4.2.1　S355J2W 钢转向架盖板电致塑性弯曲成形

随着近几年我国轨道交通产业的迅猛发展,一方面轨道客车转向架的需求量不断增加,另一方面转向架的结构设计日趋复杂。随着制造工艺水平日益提高,对于转向架盖板类零件的成形精度要求也越来越高。同时,还要进一步提高生产效率,满足未来市场发展需求。因此以标准化动车组转向架盖板为研究对象,开展了电致塑性成形工艺的研究,开发了一次性高精度稳定成形方法,解决该转向架盖板类零件制造周期长、劳动强度大、无法满足零件质量要求等问题。同时,为其他轨道客车盖板类零件或大型结构成形件提供可靠高效的解决方案,建立成熟的成形工艺流程,填补大尺寸中厚板在电致塑性成形技术中的空白。

　　由于转向架盖板类零件需要常年经受大气腐蚀和恶劣环境的挑战,因此在制造时应该选择耐腐蚀性能好、力学性能相对稳定的耐候钢进行成形。S355J2W 钢与普通碳钢相比,具有较高的强度和冲击韧性,耐腐蚀性能可以抵御极端环境,在轨道客车高速运行时可以承担大载荷,保证车辆安全运行,目前已广泛应用于转向架盖板零件的生产中。而转向架盖板的制造方式主要采用冷成形工艺进行模具压形或弯折成形,由于所成形的零件尺寸较大和材料本身成形性能的限制,因此会存在生产件精度差、回弹大等问题。常常使盖板零件尺寸精度无法达到制造要求,质量不合格,废品率高,还需要大量劳动力对精度差的零件进行多次修形,过程如图 4 - 7 所示。传统的温热成形利用加热炉对待成形坯料进行加热,可以达到改善材料成形性能、提高成形精度的目的,但受到坯料尺寸等条件的限制,该工艺仍存在着加热效率低、能耗大、成本高等问题。电致塑性成形技术可以在保证温热成形加热要求的同时提高加热速率、生产效率和能量利用率等,改善成形件质量和精度。虽然该工艺已广泛应用于各领域并取得丰硕的研究结果,但针对成形转向架盖板这样的大尺寸零件还未见成效,因此本书对于电致塑性成形转向架盖板类零件的研究具有十分重大的工程应用价值。

图 4 - 7　实际生产中对零件修形过程

4.2.1.1 S355J2W 耐候钢

研究的 S355J2W 耐候钢是依据欧洲标准 EN10025-5-2004 生产的低合金耐候钢[12],近几年 S355J2W 耐候钢广泛应用于高铁等轨道交通的转向架盖板的制造中[13]。其强度比国内标准的 Q345 系列钢要高一个等级,而含碳量却显著降低[14]。与普通碳素钢相比,该耐候钢具有优质钢的强韧、耐腐蚀、抗疲劳、焊接性好、塑延性好等优势,因此常用于承担载荷和大型结构。我国生产的高速动车、香港地铁和北京地铁中的转向架盖板均是采用了这种 S355J2W 进口耐候钢制造。

S355J2W 耐候钢是一种低合金高强度钢,钢中含有一定量的 S、Si、Cu、Cr、Mn、P 等化学元素,含量如表 4-2 所示。该钢的含 C 量约为 0.19%,属于亚共析钢。相比一般碳钢,S355J2W 耐候钢具有良好的耐大气腐蚀性能和较高的综合机械性能,同时还具有很好的焊接性能。当耐候钢在大气中暴露使用的时间越长时,其耐腐蚀性能就越突出[15]。这是由于钢中添加的合金元素,常温下在材料表面会自行生成一层氧化保护膜。这层氧化膜阻隔了内部材料与大气的进一步接触,防止内部材料被大气腐蚀,增强了其耐腐蚀能力。这从某种程度上决定了车辆的使用寿命。而转向架盖板作为轨道交通的大尺寸核心构件,它需要长时间承受着轨道车辆大部分的动载荷,其机械性能的好坏也决定着列车能否安全、稳定、可靠地运行。

表 4-2　S355J2W 钢化学元素含量

元素成分	C	S	Si	Cu	Cr	Mn	P
质量分数/%	0.190	0.035	0.550	0.200~0.600	0.035~0.085	0.450~1.600	≤0.035

1) S355J2W 耐候钢的室温力学性能

S355J2W 耐候钢为含碳量约为 0.19% 的亚共析钢,常温下由铁素体与珠光体组成。图 4-8 为分别利用金相显微镜和扫描电子显微镜观察到的该材料的微观组织。经过 4% 硝酸酒精溶液腐蚀后的材料组织在金相显微镜下铁素体呈灰白色,而被侵蚀后的珠光体呈现黑色形态[见图 4-8(a)],从宏观组织中可以看出用于实验的钢材中存在热轧制后产生的带状组织。图 4-8(b) 为扫描电镜下观察到的组织,在扫描图像中灰黑色的为铁素体组织,而白色的组织为珠光体。

S355J2W 耐候钢为高强度结构钢,图 4-9 为该材料在 Instron5569 电子万

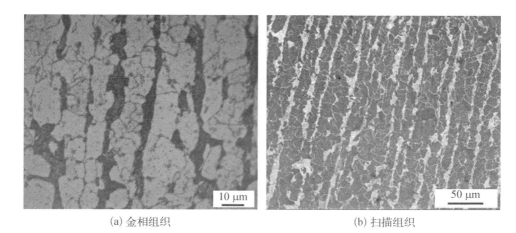

(a) 金相组织　　　　　　　　　　　　(b) 扫描组织

图 4 - 8　S355J2W 耐候钢室温显微组织

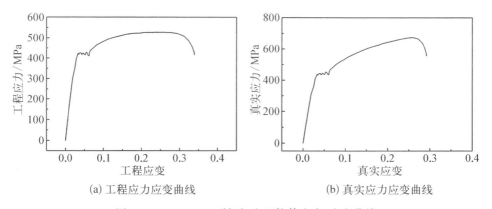

(a) 工程应力应变曲线　　　　　　　(b) 真实应力应变曲线

图 4 - 9　S355J2W 耐候钢室温拉伸应力-应变曲线

能实验机上进行常温拉伸实验得到的应力-应变关系曲线。

拉伸试样尺寸如图 4 - 10 所示,试样的标距为 15 mm,宽度为 2 mm,厚度为 2 mm,拉伸速度设为 2 mm/min。

通过拉伸测试得到的 S355J2W 耐候钢拉伸力学性能参数如表 4 - 3 所示。

对 S355J2W 耐候钢进行硬度测试,在试样表面用金刚石正四棱锥压头打下压痕测量其维氏硬度。在 0.2 kg 载荷的作用下保压 10 s,测量 8 次的显微硬度(HV)结果如表 4 - 4 所示。将测

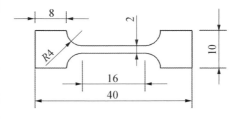

图 4 - 10　S355J2W 耐候钢室温拉伸
试样尺寸(单位:mm)

量 8 次后的结果取平均值,得到 S355J2W 耐候钢室温下的维氏硬度值为
188.6 HV。

表 4 - 3　S355J2W 耐候钢室温拉伸力学性能参数

拉伸力学性能参数	屈服强度/MPa	抗拉强度/MPa	延伸率/%
测量值	421.0	530.2	34.2

表 4 - 4　S355J2W 耐候钢显微硬度测试结果

次数	1	2	3	4	5	6	7	8
测量值	185.2	189.6	186.7	190.6	192.5	190.2	186.0	188.3

　　对 S355J2W 耐候钢进行室温冲击落锤试验,冲击试样采用 V 形缺口,试样
尺寸如图 4 - 11 所示。

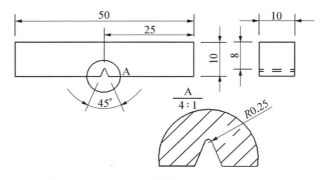

图 4 - 11　S355J2W 耐候钢室温冲击试样尺寸(单位:mm)

　　摆锤初始设置角度为 150°,标准能量为 300 J,摆锤以 5.24 m/s 的冲击速度
自由下落,室温冲击后的试样实物图如图 4 - 12 所示。

　　通过式(4 - 1)计算出冲击韧性值,计算结果如表 4 - 5 所示,取测量的平均
值 2.28 J/mm² 作为 S355J2W 耐候钢的室温冲击韧性。

$$\alpha_{kv} = \frac{A_{kv}}{S_{缺口}} = \frac{A_{kv}}{80} \tag{4 - 1}$$

式中:A_{kv} 是冲击功,单位是 J;$S_{缺口}$ 是 V 形缺口横截面积,单位是 mm²。

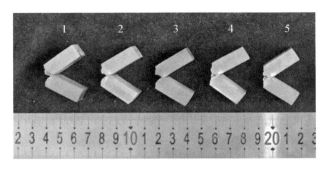

图 4-12　S355J2W 耐候钢室温冲击后的试样实物图

表 4-5　S355J2W 耐候钢室温冲击韧性测试计算结果

试　样	冲击功/J	冲击韧性/(J/mm²)
1	180.12	2.25
2	184.33	2.30
3	181.97	2.27
4	183.88	2.30
5	183.10	2.29
平均值	182.68	2.28

2）S355J2W 耐候钢的高温力学性能

由于要对 S355J2W 耐候钢板进行温热成形，因此需要对材料的高温力学性能进行探究。利用 Instron3343R9440 实验机在 150～650℃ 范围内对材料进行高温拉伸，通过线切割的方法按照图 4-13 所示尺寸进行切割，试样标距为 14 mm，宽度为 2 mm，厚度 1.2 mm。分别在 150℃、250℃、350℃、450℃、550℃ 和 650℃ 下进行单向拉伸，拉伸速率为 0.9 mm/min，拉伸后试样实物图如图 4-14 所示。高温拉伸后得到的拉伸曲线如图 4-15 所示。不同温度下拉伸后的力学性能如表 4-6 所示。通过 6 个温度下的高温拉伸结果可以发现，随着温度的升高 S355J2W 耐候钢的强度明显下降而延伸率有所提高。因此可知在温度

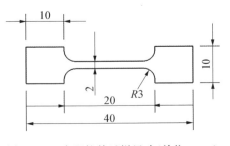

图 4-13　高温拉伸试样尺寸(单位：mm)

升高时,钢材出现了一定程度的"软化"。

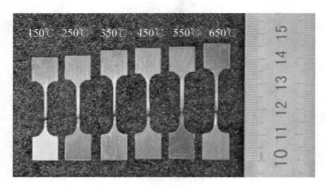

图 4 - 14　高温拉伸后试样实物图

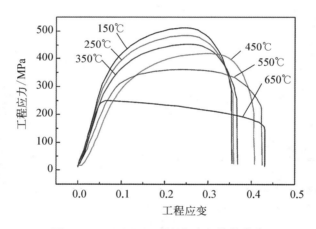

图 4 - 15　S355J2W 耐候钢高温拉伸曲线

表 4 - 6　S355J2W 耐候钢不同温度下拉伸后的力学性能

温度/℃	屈服强度/MPa	抗拉强度/MPa	延伸率/%
150	405.6	516.8	35.6
250	350.5	488.2	35.9
350	300.8	455.6	37.2
450	266.0	420.5	40.9
550	243.1	361.0	42.6
650	192.6	250.7	43.2

4.2.1.2　盖板电致塑性弯曲成形有限元模拟

目前,转向架盖板都采用室温弯曲成形工艺制造,但成形后的零件存在严重的回弹问题。在现有的转向架盖板室温压弯成形模拟中,当盖板压弯成形卸载后其最大回弹位移为 58.22 mm,并且存在侧弯等现象,严重影响了成形件的质量。为了确定在电致塑性弯曲成形时板材的变形情况及回弹程度,针对实际成形的复杂零件进行自阻加热条件下的弯曲成形有限元模拟,探究电致塑性成形工艺对实际转向架盖板成形时回弹的改善情况。使用 SolidWorks 软件对成形模具和坯料进行三维造型,将划分完网格的模型导入到 MSC.Marc 有限元模拟软件中,设置材料属性、边界条件、初始条件、接触和载荷加载方式等基本条件,进行有限元模拟并对模拟结果进行分析。盖板弯曲成形后的零件图如图 4-16所示,依据盖板成形后的零件图设计出模具的三维造型如图 4-17 所示。

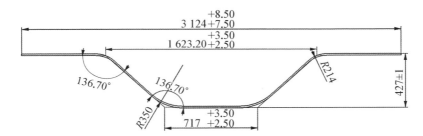

图 4-16　盖板弯曲成形后的零件图(单位:mm)

图 4-17　模具的三维造型

根据自阻加热温度分布的模拟结果,为了使板材两个变形区的温差减小,在建立几何模型时将板材上的小孔都封闭再进行模拟,并将电极位置设置在 AB处,简化后的坯料几何模型如图 4-18 所示。坯料与模具之间留有一定的间隙,三者按照如图 4-19 所示的位置关系装配。

通常对于冷冲压过程,一般选择将板材实体简化成面进行模拟。但由于弯

图 4 - 18　简化后的坯料几何模型

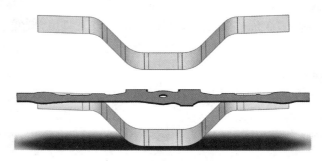

图 4 - 19　盖板弯曲成形装配示意图

曲成形中需要得到变形后内、外表面的变形情况,因此将模具简化成面,并将板材进行体网格划分。由于盖板的尺寸较大,因此网格尺寸太小将导致网格数量过多,延长模拟时间,降低模拟效率。因此网格尺寸设为 200××,共划分 4 358 个网格,网格模型如图 4 - 20 所示。

图 4 - 20　盖板弯曲成形有限元模拟的网格模型

在模拟过程中材料属性参照表 4 - 7 所示的 S355J2W 耐候钢的性能参数设置,通过软件中的"Table"模块设定 S355J2W 耐候钢主要性能参数随温度变化的曲线。

表 4 - 7　盖板缩比件电致塑性成形模拟中 S355J2W 钢性能参数

材料	屈服强度/MPa	抗拉强度/MPa	弹性模量/GPa	硬化指数	泊松比
S355J2W	421.0	530.2	210	0.139	0.3

通过软件中的"Contact"模块设置接触条件,同时设定凸模的时间-位移曲线如图 4 - 21 所示。凸模的行程为 -986 mm,边界条件设置电流强度为

25 000 A。针对图 4-19 中板材所放置位置，电极夹在 AB 位置附近，A 处节点加载电压为负值，B 处节点加载电压为正值。同时对网格上所有节点设置热辐射，计算辐射因子，对板材最中间位置的节点设置位移边界条件，即在板平面方向位移为 0。工况载荷设置分为两部分：第一部分为电热耦合，计算时间设为 600 s；第二部分为热力耦合，根据凸模加载的时间-位移曲线，将计算时间设为 150 s，同时选择实体单元进行模拟以获得更加准确的模拟结果。

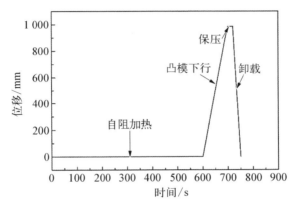

图 4-21　电致塑性成形模拟中凸模的时间-位移曲线

　　通过电热耦合和热力耦合两部分的模拟结果可以得出，成形过程中板材的温度分布变化情况如图 4-22 所示。自阻加热完成时板材的温度分布与成形后板材的温度分布分别如图 4-22(a) 和(b)所示。从板材成形前后的温度分布情况来看，在自阻加热完成到板材成形完成这一过程中，板材的温度大幅度下降，散热速度很快，在凸模下压的过程中损失了大量热量。这与成形时间有着直接的关系，凸模冲压速度慢，导致成形时间过长，热量损失严重，但两个主要成形区（Ⅰ和Ⅱ）的温度差别不大，对成形后零件质量应该不会产生影响。

　　图 4-23(a)～(d)为模拟后得到的内外层表面切向应变和厚向应变的分布情况。由弯曲成形应变分布规律可知，因为弯曲时内层纤维受压增厚，外层纤维受拉减薄，所以弯曲区内、外层的切向应变符号相反，外层受拉切向应变为正值，内层受压切向应变为负值。而在厚度方向恰好相反，外层的厚向应变为负值，内层的厚向应变为正值。针对图 4-18 中所建立的盖板几何模型来看，在发生弯曲时，变形区Ⅰ板材内表面即为弯曲时的"内层"，变形区Ⅰ的板材外表面即为弯曲时的"外层"。而对于变形区Ⅱ来说，Ⅱ区处板材内表面实际为弯曲时的"外

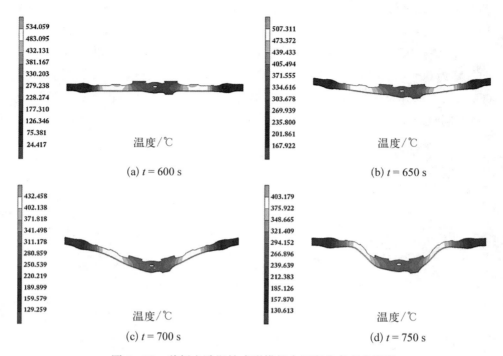

(a) $t = 600$ s

(b) $t = 650$ s

(c) $t = 700$ s

(d) $t = 750$ s

图 4 - 22　盖板电致塑性成形模拟中温度分布变化情况

层",Ⅱ区板材外表面实际为弯曲时的"内层"。同时由模拟得到的应变分布图可知,在圆角处变形区的应变要远大于法兰区和底部的应变,与弯曲成形理论一致。图 4 - 23(e)为盖板电致塑性弯曲成形时板材厚度分布图,从模拟结果可以看出变形前后板材的厚度没有太大的变化。在板材弯曲时,以中性层为界,外层纤维减薄,内层纤维增厚,由于所成形的圆角半径较大,因此弯曲时的相对圆角半径 r/t 很大。而相对圆角半径越大,变形程度越小,减薄量越小。因此从模拟结果来看,成形后板材并没有出现拉裂缺陷。图 4 - 23(f)为电致塑性弯曲成形卸载后的回弹量分布图。

对于相对宽度较大($b/t > 3$)的宽板弯曲,宽度方向的伸长和压缩受到限制,材料不易流动,因此横截面形状变化不大,仅在端部可能出现翘曲和不平的问题。但对于 r/t 较大的弯曲,当成形时板料内外缘表层部分进入塑性状态,而板料中心仍处于弹性状态;当凸模卸载后,板料将产生弹性回跳,即回弹。金属塑性变形时总是伴有弹性变形,所以板料弯曲时,即使内外层纤维全部进入塑性状态,当凸模上升除去外力后,弹性变形消失,也会出现回弹。影响回弹的因素主

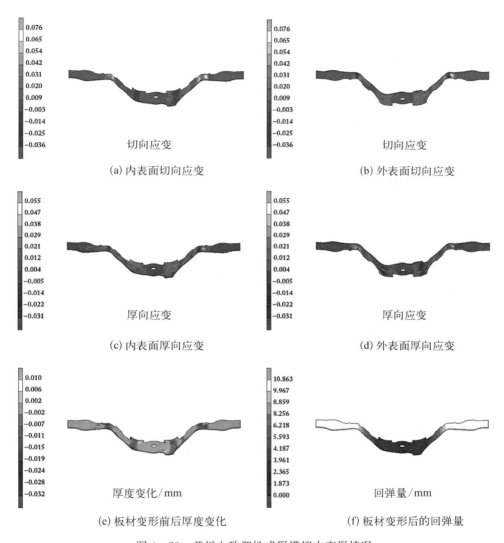

图 4-23　盖板电致塑性成形模拟中变形情况

要有材料的机械性能、切向应变和弯曲角。切向应变越大,回弹量越小。弯曲时切向应变表达式为:

$$\varepsilon_\theta = \pm \frac{t}{2\rho_0} = \pm \frac{1}{\dfrac{2r}{t}+1} \tag{4-2}$$

式中:t 是板材厚度,单位是 mm;r 是圆角半径,单位是 mm;ρ_0 是板料应变中性层曲率半径,单位是 mm。

从式(4-2)可以看出,切向应变取决于相对圆角半径 r/t 值的大小,r/t 值越大,弯曲变形程度越小,切向应变值 ε_{θ} 也越小。因此,r/t 较大的弯曲件,弯曲后的回弹量也较大。除了相对圆角半径 r/t 的影响因素外,弯曲件的弯曲角 α 大小也影响回弹量。弯曲角 α 越大,表示变形区的长度越大,在相同的弯曲情况下,单位长度上的变形量就越小。因此,弯曲角 α 越大,在总变形中的弹性变形所占比例会相应增大,回弹量也会增大。由电致塑性弯曲成形模拟结果可以看出,板材的最大回弹量为 10.863 mm。与室温冲压成形相比,回弹量减小了81.3%,很大程度上改善了弯曲变形后的回弹量。

4.2.1.3　盖板电致塑性弯曲成形装备设计

1) 盖板电致塑性弯曲成形装备设计概述

针对转向架盖板类零件,根据弯曲成形的变形特点,由于所成形的盖板类零件尺寸较大,弯曲角也较大,因此弯曲回弹现象比较严重。采用冷冲压工艺进行成形会导致成形精度差,回弹现象更加严重。要对如此大尺寸的零件进行热成形,对其加热要耗费大量能量,但加热时间长、效率低、不利于环保。利用电流电致塑性冲压,可以将板材在较短时间内加热到所需成形的温度,节能环保,效率大大提高。因此,为了实现板材电致塑性成形方案,需要设计一整套半自动化的成形装备,实现自阻加热和板材冲压热成形一体化的功能,达到提高成形效率和简化成形过程的目的。

盖板电致塑性弯曲成形设备与单纯的弯曲成形设备不同,该设备要实现板材加热与板材成形过程的同步,即先对第一块板材进行加热,然后在其成形的同时对第二块板材进行自阻加热,在第二块板材成形的同时,对第三块板材进行加热,以此类推。因此所设计的电致塑性弯曲成形设备主要由五部分系统组成:夹持系统、加热系统、成形系统、送料系统和保温系统。整套成形装备除了必要的模具设计制造外,还要有独立的板材自动夹持功能,以便实现板材的夹持与释放,从而达到自动化自阻加热的目的。该系统也是实现装备半自动化的关键部分。整个装备的关系组成如图 4-24 所示,其中实线表示接触或导电,虚线表示隔离或绝缘。

利用 SolidWorks 软件完成五个系统组成部件的结构设计、尺寸确定和各系统之间的虚拟装配等内容,整套装备的三维设计图如图 4-25 所示。

需要成形的盖板零件长为 3 124 mm,宽为 515 mm,厚度为 14 mm,两端弯曲角分别为 $R350$ mm 和 $R214$ mm。零件表面质量和尺寸精度要求较高,不能

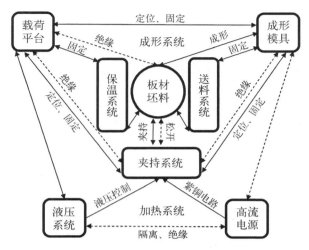

图 4 - 24　电致塑性弯曲成形装备的关系组成

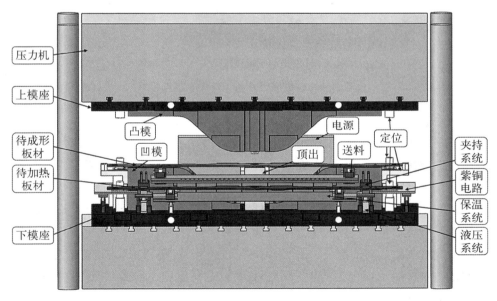

图 4 - 25　电致塑性弯曲成形装备的三维设计图

出现拉裂、翘曲、不平等缺陷,并且要求控制回弹。由于成形模具尺寸较大,因此为了加工和装配过程中减重以及模具修正操作方便,凸模和凹模设计成带有镶块的组装体,并设计出可与模具装配的上下模座。同时还要考虑上下模座的安装、与板料顶出机构的配合,以及送料架与夹持系统的固定问题。因此还设计了吊柱孔、定位孔、导套孔、T 形槽、定位槽及顶出槽等辅助配件。图 4 - 26 为电致

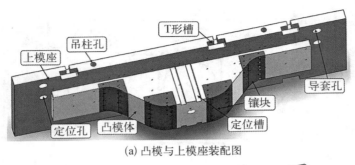

(a) 凸模与上模座装配图

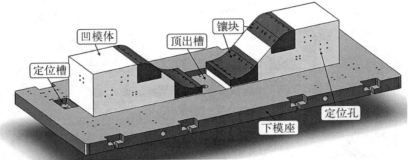

(b) 凹模与下模座装配图

图 4-26　电致塑性弯曲成形模具和模座装配完成后的三维设计图

塑性弯曲成形模具和模座装配完成后的三维设计图。

在弯曲成形之前，将自阻加热后的板料转移至凹模处。为保证成形的精度，板材的定位在成形过程中十分重要。在成形系统中需要设计一个板材成形时的定位装置，电致塑性弯曲成形过程中板材的定位装置示意图如图 4-27 所示。该装置主要由侧定位装置和随动定位杆装置两部分组成。侧定位装置是保证板材从送料架移动至凹模处时板材长度方向的定位，随动定位杆装置是保证推料过程中板材宽度方向的定位。在凸模加载和卸载时，随着顶出机构推动板材在厚度方向上移动，随动定位杆也能够保证板材的位置不发生偏移，并且在凸模下行过程中，凸模上的导向销可以对板材进行中心定位，因此能够保证成形过程中板材的准确定位。

2) 盖板电致塑性夹持系统设计

为了实现板材加热时电极与模具及下模座之间的绝缘、电极快速夹紧与释放、自阻加热后板材能够顺利取出而后移动到凹模处等待成形等功能，设计了如图 4-28 所示的自阻加热夹持系统。

整套夹持系统由液压系统、紫铜电极、绝缘材料、上挡板、限位装置、电缆导

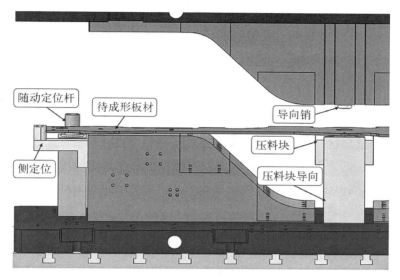

图 4-27　电致塑性弯曲成形过程中板材的定位装置示意图

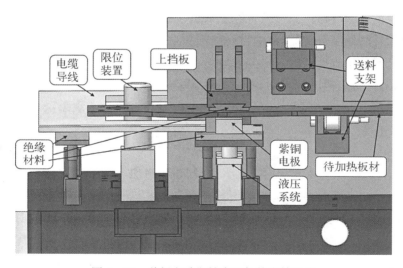

图 4-28　盖板电致塑性自阻加热夹持系统

线等组成。绝缘材料将电极、电缆、模具、模座隔离开,避免了导电、漏电的危险。上挡板处的绝缘垫块可加工出燕尾槽镶嵌于挡板内,其他两处绝缘固定垫块可通过螺栓与下面的支柱板连接,材料可选择电木进行加工。在进行自阻加热之前,板材放在下面的送料支架上,然后通过滚轴和滚轮将板材推进紫铜电极上方。当推到与限位装置接触时,板料被定位在电极正上方需要夹持的部位,导线电缆、紫铜电极与其下方的绝缘垫块之间通过螺栓固定在一起。当板材定位完毕后,启动电极下方的液压系统,液压系统由四个液压缸组成,每个电极下方用两个液压缸。由于在自阻加热过程中,为了避免电极与板材之间因没有夹紧而造成打火等危险,因此电极与板材之间的压强至少要达到 5 MPa。而紫铜电极与板材的接触面积为 140 mm×368 mm,因此根据压强的计算公式,可以计算出液压缸至少要提供 25.76 kN 的力,而每个液压缸要至少提供 12.88 kN 的力。在选择液压缸规格时还要考虑电极下方可用空间,液压缸缸体最大尺寸不能超过 200 mm,且四个液压缸可电动控制同时提供推力。当电极与上挡板夹紧板材后,高流电源输出电流,电流流经板材加热。当板材被加热到所需温度后,控制液压系统卸载,板材落回下方的送料支架上,完成板材的自阻加热过程。在整个加热过程中可以看出,板材与模具、模座是隔离开来的。因此该夹持系统是整套成形装备中一个独立的、自动化的、易实现的组成部分,该系统体现了夹持—加热—释放,有先后顺序、灵活可控等优点。

3)盖板电致塑性弯曲成形辅助系统设计

盖板电致塑性弯曲成形装备除了成形系统和夹持系统外,为了实现板材的传送与板材的保温等功能,整个设备还需要送料系统与保温系统这些辅助系统来协助完成这个成形过程。根据设计好的模具尺寸、模座尺寸和所选用的压力机规格,对可用空间进行规划,利用 SolidWorks 软件对各系统的组成部件进行设计与造型,最后将各系统进行虚拟装配,查看是否有干涉现象,检查整个成形过程的可行性。

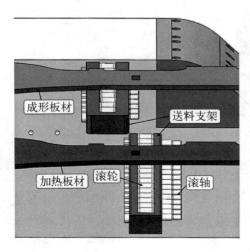

图 4-29 盖板电致塑性成形的送料系统

为了保证板材在加热前和成形前的顺利移动,设计了如图 4-29 所示的送料系统。该系统主要由送料支架、滚轴和滚轮组成。在自阻加热前,将板材放在下方的送料支架上,通过滚轴和滚轮的滚动,将板材推至电极下方。在板材自阻加热完毕后,再次通过滚轮滚动的方式将板材移出电极,放置在上方的送料支架上,再推入凹模处等待成形。同时,通过盖板电致塑性弯曲成形温度场分布模拟结果可知,在板材自阻加热完成到成形完毕这一过程中,温度大幅度下降,损失了大量热量。

为避免自阻加热时板材暴露在空气中损失大量热量,在自阻加热板材上方和下方设计了如图 4 - 30 所示的保温系统,利用保温板对加热过程中以及加热完毕后移动时的板材进行保温,降低加热效率,减少热量散失和浪费能源。

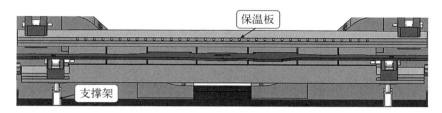

图 4 - 30　盖板电致塑性成形的保温系统

4) 盖板电致塑性弯曲成形工艺流程

为了提高生产效率,所设计的电致塑性成形装备需要实现自阻加热过程与弯曲成形过程的同步进行。由于电致塑性成形工艺是在加热过程完成后断电成形,无法像电流辅助成形那样边通电边成形,因此为了实现加热与成形过程的同步,根据电致塑性成形装备设计了高效的工艺流程。转向架盖板电致塑性弯曲成形系统主要包括加热系统、夹持系统、成形系统、送料系统和保温系统,成形设备包括低压直流电源、紫铜电路、液压控路、载荷平台和及成形模具等。整套装备要实现自阻加热和热冲压一体化的功能,需满足盖板热成形要求,工艺流程图如图 4 - 31 所示。

具体工艺流程如下:

(1) 板材夹持。用绳索挂在第一块待加热的板材两端,放置在装备下面的送料支架上。将板材推入夹持装置内,当接触到限位装置后,控制电动的液压系统,通过液压缸提供推力,让紫铜电极将板材紧密夹持。

(2) 通电加热:将电缆导线接好电源,与板材行程闭合回路。用万用表检查电极、板材、模具、模座是否绝缘,确保完全绝缘后启动电源,通过编程使得电流按照加载—保流—卸载的程序流入板材进行加热。

(3) 温度检测:板材在电流的焦耳热作用下迅速升温,通过 UT302C 型红外测温仪实时监测温度,当坯料板材达到成形温度后,在保温系统内保温。

(4) 板材转移:控制液压系统卸载,电极夹持装置迅速自动释放对板材的夹持,此时再次通过绳索,将其移动到上方的送料支架上。

(5) 弯曲成形:利用设备上方的送料支架将加热后的板材推入凹模处,在推动过程中,靠侧定位装置、随动定位装置进行定位,板材定位准确后等待凸模下

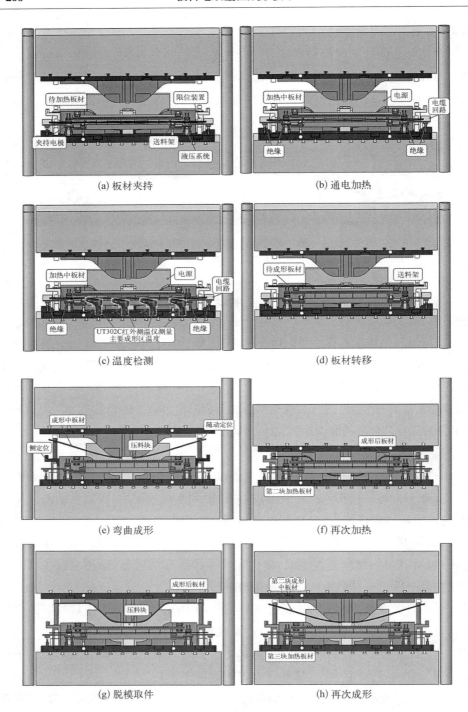

(a) 板材夹持   (b) 通电加热

(c) 温度检测   (d) 板材转移

(e) 弯曲成形   (f) 再次加热

(g) 脱模取件   (h) 再次成形

图 4-31 盖板自阻加热成形的工艺流程图

行,与凹模合模。

(6) 再次加热:在合模过程中,将第二块待加热板材放置在下方的送料支架上,重复(1)~(3)的过程,对板材进行自阻加热。

(7) 脱模取件:在第一块板材完成压制、保压、卸载后,通过板材下方的顶出机构将成形后的板材取出,完成一次性脱模。

(8) 再次成形:在第一块板材脱模完成后,将第二块加热完毕后的板材释放,移动至凹模处等待成形,在第二块板材成形过程中完成对第三块板材的自阻加热过程。以此类推,所设计的电加热弯曲成形工艺实现了对板材加热与成形同步进行的高效生产。

4.2.2　钛合金波纹管电致塑性气压胀形

4.2.2.1　钛合金波纹管简介

金属波形膨胀节是一种广泛应用在现代工业中机械设备和输送管道的部件,它可以通过自身的弹性伸缩来补偿温度和载荷给管道或管形件带来的位移变化,同时能够吸收机械振动[16]。因此,金属波形膨胀节可以有效降低管道或管形件的应力,从而提高其使用寿命。金属波形膨胀节的基本结构如图 4 - 32 所示,其中金属波纹管是金属波纹膨胀节的核心部件。金属波纹管是一种带有横向波纹的薄壁管形件,它既有弹性特征又有密封功能,其几何特点使它在复杂外力作用下可以承受较大变形。

1—法兰;2—波纹管;3—拉杆。

图 4 - 32　金属波形膨胀节的基本结构

金属波纹管的工作性能很大程度上取决于它的波形。波纹管的波型主要有 U 形、V 形、C 形、Ω 形和 S 形等,其中 U 形波纹管是使用最多的一类波纹管。同时,研制了带加强环的和多层的金属波纹管,使其承压能力得以提升,刚度得以下降[17]。

制造波纹管的材料不仅要与工作环境的温度、腐蚀性等有很好的相容性,也需要有高强度和较长疲劳寿命,同时应具有较好的制造工艺性。目前制造金属波纹管的主要材料是不锈钢,但是不锈钢波纹管在高温、强腐蚀性的工作环境中很容易失效。近些年来,钛合金以其密度小、强度高、耐热和抗腐蚀能力强等方面的优异性能成为制造金属波纹管的重要材料。

钛和钛合金波纹管通常应用在工作环境恶劣或者性能要求较高的工作场合。在石油化工行业,工作介质常常具有强腐蚀性,钛波纹管广泛应用在输送管道、换热器、炼油厂催化裂化装置中；在燃气行业，钛和钛合金具有导热系数小、导热性能好和耐腐蚀性能优异的优点，钛波纹管可以应用在热交换器和冷凝器中；在医疗器械领域，由于钛的生物相容性很好，因此钛波纹管可以大量用于医疗设备中，甚至可以用作组成人工器官的零件；在航空航天领域，钛波纹管质量轻、强度高、耐高温的优势使其适合用在飞机发动机输油管中，并且可作为阀门和火箭转轴的密封件[17]。

4.2.2.2　钛合金波纹管电致塑性气胀成形有限元模拟

1）波纹管热成形方案

本书中钛合金波纹管的截面图如图 4-33 所示，波纹管的波高为 15 mm，波距为 26 mm。热成形时通过气体施加载荷进行胀形，气压胀形的方案有两种：一种是单纯的气压胀形工艺；另一种是气压胀形/轴向补料的组合工艺。由于波纹管的壁厚很小，假如采用单纯的气压胀形，很容易出现壁厚严重减薄，甚至胀破，因此选用气压胀形/轴向补料的组合工艺进行波纹管的成形。

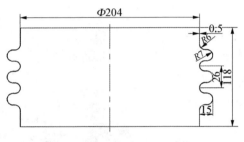

图 4-33　钛合金波纹管的截面图
（单位：mm）

波纹管的成形原理如图 4-34 所示，成形过程可分为胀初波、合模、终成形三个阶段。

（1）胀初波阶段：当坯料被加热至一定温度时，调节气压使坯料在各层模具之间部位产生一定塑性变形，即胀起 2～4 mm 的初始波纹。

（2）合模阶段：开动压力机，使模具缓慢闭合。

（3）终成形阶段：增大气压，并保压一段时间，使坯料与模具型腔缓慢贴合[18]。

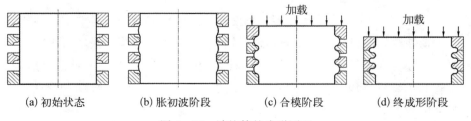

(a) 初始状态　　　(b) 胀初波阶段　　　(c) 合模阶段　　　(d) 终成形阶段

图 4-34　波纹管的成形原理

2）有限元模拟的前处理

运用 MSC.MARC 软件对钛合金波纹管的成形过程进行模拟，分析不同工艺参数对波纹管成形的影响。第一，对波纹管成形的有限元模拟进行简化，提出了若干假设；第二，建立有限元模型，进行分析计算。

（1）提出基本假设。

为便于分析和计算，对波纹管成形的有限元模拟做如下假设：

a. 坯料是各向同性的，且不可压缩。

b. 忽略钛合金筒坯的焊缝对成形结果的影响。

c. 由于电极夹持部分的筒坯变形量很小，将该部分进行省略。

（2）建立有限元模型。

建立波纹管成形的有限元模型，包括几何建模、网格划分、定义材料特征、定义边界条件等步骤。

首先，运用制图软件 SolidWorks 绘制有限元模拟的几何模型。由于在 MSC. MARC 软件中，模具型腔面可代替整个模具，因此可直接绘制模具的型腔曲面。其次，筒坯也绘制成曲面，并利用有限元前处理软件 Hypermesh 对其进行网格划分。最后，将定位好的模具型腔面和划分网格后的筒坯分别以 IGES、DAT 格式导入 MSC.MARC 中。几何模型和有限元分析模型如图 4 - 35 所示。

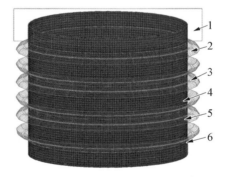

(a) 几何模型　　　　　　　　　(b) 有限元模型

1—上压头；2—上模；3—中间模Ⅰ；4—筒坯；5—中间模Ⅱ；6—下模。

图 4 - 35　几何模型和有限元分析模型

筒坯的厚度很小，因此可以将筒坯单元定义为 3D 壳单元，单元厚度为 0.5 mm，单元类型为薄壳单元。

由于热成形时弹性变形量可以忽略不计，因此定义材料特征时，可将材料定义为刚塑性模型。试验时首先进行 Ti31 钛合金波纹管的成形，因此以该材料的性能定义材料特征。当利用电流自阻加热技术加热钛合金筒坯时，其两侧温度

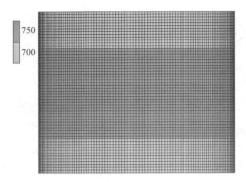

图 4-36 筒坯不同区域的材料特征

低,中间温度高,因此将筒坯中间区域定义为 Ti31 钛合金在 750℃时的性能,将两侧区域定义为 Ti31 钛合金在 700℃时的性能,如图 4-36 所示。

定义接触条件时,筒坯为变形体,其余为刚体。压头、上模、中间模Ⅰ、中间模Ⅱ在合模阶段分别以不同的速度下行,而下模始终无位置移动。钛合金筒坯与各段模具之间的摩擦系数设为 0.2。

在波纹管成形过程中,筒坯受到径向的气压。在设置边界条件时,对筒坯内侧施加压力。同时,对筒坯上、下端节点进行位移限制,保证其与上、下模不发生相对移动。边界条件如图 4-37 所示。

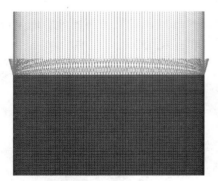

(a) 上端节点的位移限制

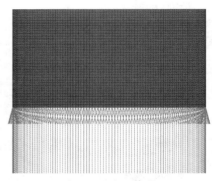

(b) 下端节点的位移限制

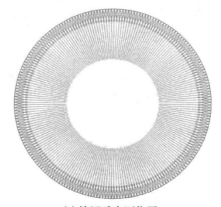

(c) 筒坯受内压作用

图 4-37 边界条件

3）模拟结果及分析

（1）补料高度对成形结果的影响。

为了克服壁厚严重减薄的弊端,在波纹管成形过程中需进行轴向补料。单一波纹的补料高度,即模具之间的距离计算公式如下:

$$h = C(\pi R_1 + \pi R_2 + 2b + \pi t) - W \qquad (4-3)$$

式中:C 是系数,一般取 $0.90 \sim 0.98$;R_1 是波峰处圆角半径;R_2 是波谷处圆角半径;b 是波纹直边段长度;t 是波纹管壁厚;W 是波距。代入数值得 $h = 15.77 \sim 19.48$ mm。取补料高度的数值为 16 mm、18 mm、20 mm,分析补料高度对波纹管成形的影响。不同补料高度对壁厚分布的模拟结果如表 4-8 所示。

表 4-8　不同补料高度对壁厚分布的模拟结果

补料高度/mm	最大减薄率/%	壁厚分布云图
16	19.06	
18	16.48	
20	14.00	

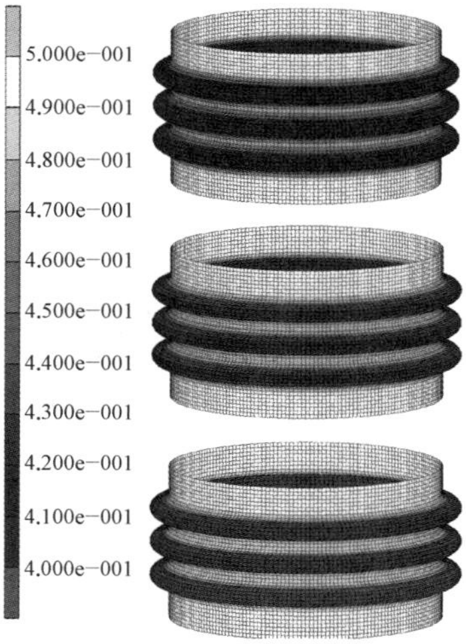

由表 4-8 可知,波纹管波峰处的壁厚减薄最为严重,其次是波纹管直边段、波谷和端部;当每段波纹的补料高度为 16 mm、18 mm 和 20 mm 时,壁厚最大减薄率分别为 19.06%、16.48%、14.00%。可见,合理的补料可有效地抑制壁厚的减薄。但是应注意,过高的补料高度很容易因为初波高度过大而无法合模。波纹管成形试验中每个波纹的补料高度为 18 mm。

（2）合模速度对成形结果的影响。

在波纹管成形过程中，合模阶段是最容易产生成形缺陷的一步，其中合模速度是其重要影响因素。当初始波纹高度为 3.178 mm，合模阶段的气压为 0.8 MPa 时，分析不同的合模速度对波纹管成形的影响。不同合模时间下的成形结果如图 4-38 所示。由图 4-38 可知，合模时间为 5 s 和 7.5 s 时，合模后均出现了不同程度的失稳起皱缺陷，而合模时间为 10 s 时，合模后坯料并无缺陷；合模速度过快很容易导致坯料出现失稳起皱，并且失稳起皱一般出现在最下面的波纹处。

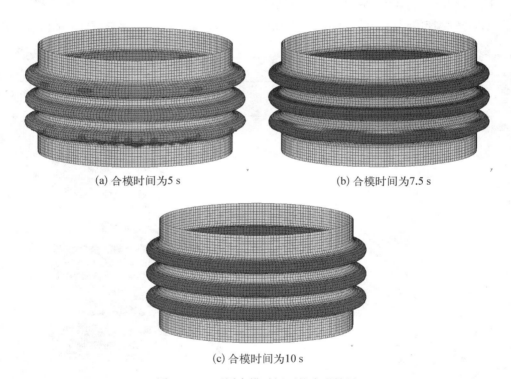

(a) 合模时间为5 s　　　　　　　　　(b) 合模时间为7.5 s

(c) 合模时间为10 s

图 4-38　不同合模时间下的成形结果

（3）成形参数的确定。

为了提高实验效率，降低实验成本，利用有限元模拟技术初步确定成形的工艺参数。经过反复的更改模拟参数，得出的波纹管最优成形结果及成形参数如图 4-39 所示，模拟结果的标尺为贴模状态。由模拟结果可知，波纹管的成形过程共历时 280 s，壁厚最大减薄率为 16.32%。

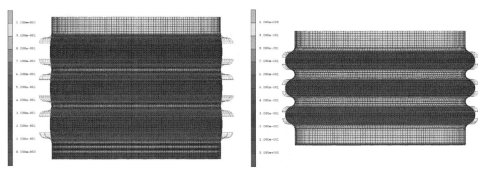

(a) 胀初波阶段：气压0.4 MPa，时间30 s　　　(b) 合模阶段：气压0.8 MPa，时间10 s

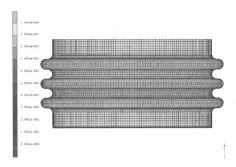

(c) 终成形阶段：气压1.2 MPa，时间240 s

图 4-39　波纹管最优成形结果及成形参数

4.2.2.3　钛合金波纹管的电流辅助热成形工艺

为了实现钛合金波纹管的高效率制造,应用电流辅助热成形工艺开展实验。在成形时采用电流自阻加热方式代替传统的炉温加热,利用高密度电流产生的大量焦耳热将坯料快速加热到成形温度,然后在通电加热条件下进行气胀成形。在通电环境下进行成形,不但可以使成形温度维持在相对稳定的状态,避免低速率变形时温度严重下降,而且可以利用电流提高坯料的塑性变形能力。该工艺可以克服传统热成形加热速度慢、能量损耗大、生产效率低等缺点,并且利用该工艺制造的结构件氧化率低、回弹少。

1) 波纹管成形装置设计

波纹管的快速热成形采用电流自阻加热方式,将筒坯迅速加热到成形温度,而后在通电环境下应用气胀成形/轴向补料的组合工艺进行加工。成形装置由成形模具、电流加热装置以及加载装置三部分组成。

（1）成形模具。

该工艺中的波纹管成形模具不同于普通的成形模具，因为成形时筒坯有电流经过，应考虑筒坯与模具、设备的绝缘问题。同时，设计模具时应考虑电极安装、模具导向、卸料等方面的问题。

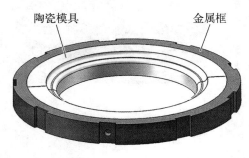

陶瓷模具　　　　　　　　　金属框

图 4-40　组合模结构示意图

该实验中，波纹管的热成形方案为一次成形，即通过一次加载实现三个波纹的同步成形。波纹管的成形模具采用分段式组合模具的结构形式，主要由上模座、上模、两个中间模、下模、下模座几部分组成，其中上模、中间模、下模均为组合模。组合模中的下模结构示意图如图 4-40 所示，其中陶瓷模具镶嵌在金属框内。

利用低导热性的陶瓷制作成形模具，不仅可以实现筒坯与模具的绝缘，还可以避免加热的筒坯接触模具后的温度大幅下降，使波纹管充型更加容易。陶瓷模具为半圆式，便于实验前的模具安装和实验后的取件，其实物图如图 4-41 所示。由图 4-41 可知，陶瓷模具表面光滑整洁，这可有效地提高成形件的表面质量。

图 4-41　陶瓷模具实物图

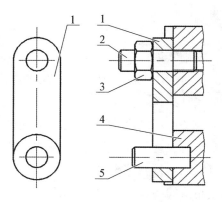

1—导杆；2—螺柱；3—螺母；4—模块；5—导柱。

图 4-42　导杆结构示意图

上模座与上模、下模座与下模装配时固定在一起，中间分别留有空间用于安装夹持电极。上模、中间模、下模通过导杆结构连接，导杆结构示意图如图 4-42

所示。导杆不仅起到了导向作用,而且也起到了定位作用。

图 4-43 为波纹管分段式组合模具的总体结构图。分段式组合模具的形式不但可以实现三波波纹管的电流辅助热成形,而且可以通过增减中间模块的数量加工其他波数的波纹管。

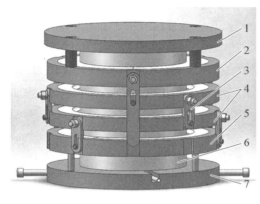 

　　　　(a) 设计图　　　　　　　　　　　(b) 实物图

1—上模座;2—上模;3—导杆结构;4—中间模;5—下模;6—筒坯;7—下模座。

图 4-43　波纹管分段式组合模具的总体结构图

(2) 电流加热装置。

在电流辅助热成形实验中采用电流自阻加热方式对坯料进行加热,加热装置由电源、导线和夹持电极等组成。电流加热装置与坯料将构成一个完整通电回路。电源采用 8 V/10 000 A 的低压高电流电源,以实现坯料的快速加热。夹持电极固定在筒坯上下两端,图 4-44 为电极的安装示意图。筒坯和电极之间

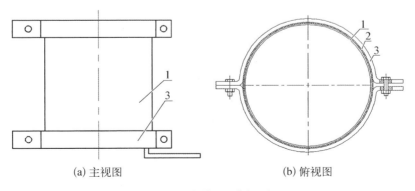

　　　　(a) 主视图　　　　　　　　　　　(b) 俯视图

1—筒坯;2—铜带;3—紫铜电极。

图 4-44　电极的安装示意图

存在接触电阻,接触电阻过大将导致紫铜电极和电极夹持部位的筒坯温度过高,因此在筒坯和电极之间夹有铜带使二者的接触更加充分,避免了刚性接触带来的电阻过大。

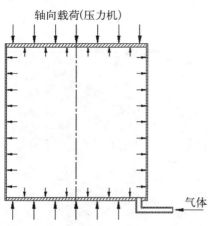

图 4-45　成形实验过程中加载示意图

（3）加载装置。

波纹管热成形采用气胀成形/轴向补料的组合工艺,成形过程中不仅要一直保持通气加压,而且在合模阶段要提供轴向加载。轴向加载由 1 000 kN 压力机提供动力,而气压胀形时采用惰性气体,减少钛合金的加热氧化。成形实验过程中加载示意图如图 4-45 所示。

2）筒坯的制造工艺

（1）筒坯制造流程。

进行波纹管成形实验之前,首先制造密封的钛合金筒坯。筒坯的高度 H 计算公式如下:

$$H = L + n \times h + 2l \tag{4-4}$$

式中:L 是波纹管的总长度,取 118 mm;n 是波纹管的波数,取 3;h 是每个波纹的补料高度,取 18 mm;l 是安装电极所需长度,取 32 mm。代入数值得 $H =$ 236 mm。为了便于装配,筒坯的外径应略小于波纹管的直径,取 203 mm。

筒坯两端焊接封头以实现筒坯的密封,同时筒坯一侧封头上打孔并焊接导气管,实现成形时的充气胀形。图 4-46 为成形所需钛合金筒坯的结构图。

对于直径 200 mm 左右的筒坯,既可以用金属板材通过多次拉深或者多次旋压拉深工艺制得无缝筒坯,也可以用板材焊接工艺制得有缝筒坯。考虑到钛合金的冷成形能力较差,筒坯长度较大且壁厚较小,因此放弃多次拉深和多次旋压拉深的制造方案,选用板材焊接工艺制造成形试验所需的筒坯。板

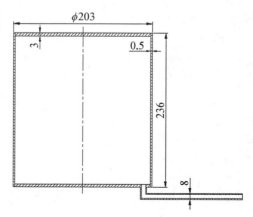

图 4-46　成形所需钛合金筒坯的
结构图（单位:mm）

材焊接工艺制造筒坯,是一种成本低廉、适应性强、效率高且壁厚容易控制的制造方法。本实验中钛合金密封筒坯的制造流程为:剪板下料、热卷圆、板材对焊、焊接封头、焊接导气管。其工艺流程图如图 4-47 所示。

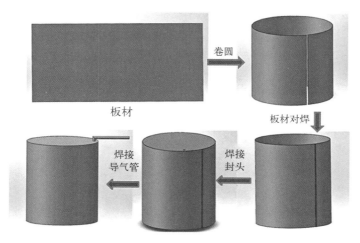

图 4-47　密封筒坯制造工艺流程图

　　首先,在剪板机上进行板材下料。焊接波纹管筒坯的板料的长度 L 计算公式如下:

$$L = \pi(D - t) \tag{4-5}$$

式中: D 是筒坯的外径,取 203 mm; t 是筒坯的厚度,取 0.5 mm。代入数值得 $L \approx$ 637 mm。因此,需裁剪 637 mm×236 mm 的钛合金板料。

　　其次,在高温下对板料进行卷圆,使其具有基本的弧度。在该工序中,将剪裁的板料缠绕在圆柱体上,用钢丝固定;随后放于电阻炉中,将其温度升至 650～700℃,并保温 2 h;随炉冷却后将板料取出。经热卷圆后的板料仍有一定的回弹,但是已经具有了基本的圆弧,可满足薄板的焊接要求。但是对于相对较厚的板料,应在该工序中加热到更高的温度,完全去除回弹,避免焊接时因板料张力过大产生裂纹。图 4-48

图 4-48　热卷圆后的钛合金板料

为热卷圆后的钛合金板料。

　　再次,将卷圆后的板料固定在自主设计的夹具上进行对焊。其中 Ti31 钛合金筒坯采用自动 TIG 焊工艺,而 TC4 钛合金筒坯采用人工氩弧焊工艺。TC4钛合金筒坯的焊接夹具示意图如图 4-49 所示,两块压板将板料与圆柱体紧密贴合固定,避免薄板焊接时出现烧穿的缺陷。焊接前要对焊接区域实施清理,用酒精洗去该区域表面的污渍,以保证最终焊接的质量。

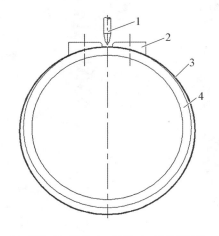 

1—焊枪;2—压板;3—坯料;4—圆柱固定体。　　　图 4-50　钛合金筒坯
图 4-49　焊接夹具示意图

　　最后,应用人工氩弧焊工艺对筒坯两端的封头和导气管进行焊接,最终制得的钛合金筒坯如图 4-50 所示。

　　(2) 筒坯的焊接质量。

　　钛合金筒坯的焊接难点是薄板的对焊,其质量直接决定了筒坯的加工质量。Ti31 钛合金波纹管的筒坯采用自动 TIG 焊工艺进行板材对焊,而 TC4 钛合金波纹管的筒坯采用人工氩弧焊工艺,图 4-51 为钛合金筒坯对焊处两种工艺焊接的焊缝质量对比图。由图 4-51 可知,人工氩弧焊工艺的焊缝严重凸起,且凹凸不平,而自动 TIG 工艺的焊缝十分平整光滑。同时,应用人工氩弧焊工艺进行焊接时易出现烧穿、未焊透的缺陷;而应用自动 TIG 工艺则能避免以上缺陷,并且筒坯内外侧均焊接良好。因此,自动 TIG 工艺制造的筒坯质量明显优于人工氩弧焊工艺制造的筒坯,前者更适合薄壁筒坯的焊接。

　　3) 波纹管成形试验流程

　　筒坯制作完成以后,对其表面进行简单清洗,在检查筒坯气密性良好的情况

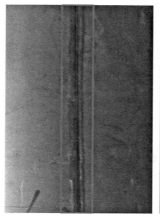

(a) 自动TIG工艺　　　　　(b) 人工氩弧焊工艺

图 4 - 51　两种工艺焊接的焊缝质量对比图

下开始进行电流辅助热成形试验。试验流程如下：

（1）安装成形模具。首先，将筒坯固定在模具的下模座上，并在筒坯上紧固下端电极；在陶瓷模具表面涂上润滑剂氮化硼，并将其镶嵌在金属框中；其次，将下组合模、中间组合模和上组合模按照从下到上的顺序依次安装；再次，安装上端电极和上模座；最后，在模具的侧面安装导杆结构。为了避免模具金属部分被通电加热，需要在筒坯与上模座、下模座接触处垫上云母片进行绝缘，同时在筒坯的导气管上缠绕绝缘布。装配好的成形模具如图 4 - 52 所示。

图 4 - 52　装配好的成形模具

（2）组装成形装置。把安装好的模具放置在 1 000 kN 液压机的工作平台上；在模具电极和电源电极之间连接导线，使之构成通电回路；用气管将装有惰性气体的气瓶与筒坯上的进气管连接，构成通气加压系统。在连通电源之前，应利用万用表检验线路是否正常连接。

（3）成形波纹管。首先打开低压高电流电源，调节电流大小到一定值，对筒坯进行加热；用红外测温仪测量筒坯的温度，当筒坯被加热至 400℃ 时，开始缓慢通气，增加筒内气压，同时继续加热至成形温度；当筒坯上出现高 2～4 mm 的初波时,开动压力机缓慢向下,使模具缓慢合并;合模后筒坯热扩散减少,应适当降低电流大小,同时继续增大气压并保压一段时间,使坯料完全贴模。成形结束后,减小电流然后关闭电源,打开放气开关泄压,最后升起压力机压头。此时,不能先升起压力机的压头,否则会使筒内的气压将筒坯再次胀起,导致成形失败。

(4) 取件。由于成形件和模具降温都很快,因此可在很短的降温时间后取出成形件。取件时,首先,卸去上端盖和上端电极;其次,卸掉模具侧面的导杆结构;再次,将中间四段模具整体抬起并倒置;最后,从上至下逐渐卸去电极和模具。

(5) 成形件的后处理。成形件的两端均为电极夹持部位,成形后应用电火花线切割机床切除该部位,得到规定高度的钛合金波纹管。由于在热成形过程中会产生氧化皮,因此需要对波纹管进行进一步的表面处理。为了清除钛合金波纹管的氧化皮,需进行先酸洗、后水洗的表面清理过程。酸洗液采用由氢氟酸、硝酸、蒸馏水[$V(HF):V(HNO_3):V(H_2O)=1:3:7$]配制的混合溶液。

4) Ti31 钛合金波纹管实验结果

(1) 不同工艺参数下的成形结果。

对 Ti31 钛合金开展波纹管成形实验,实验参数如表 4-9 所示。

表 4-9 Ti31 钛合金波纹管实验参数

方案	温度/℃	胀初波阶段		合模阶段		终成形阶段	
		气压/MPa	时间/s	气压/MPa	时间/s	气压/MPa	时间/s
方案 1	750	0.4	20	—	—	—	—
方案 2	750	0.2	15	0.5	10	0.7	210
方案 3	700	0.3	15	0.5	10	0.8	180
方案 3	650	0.3	15	0.5	10	0.8	210

不同工艺参数下的实验结果如下:

a. 在方案 1 中,电流增加至 3 700 A 时,温度达到稳定值 750℃,成形件如图 4-53(a)所示。由图可知,筒坯在胀初波阶段出现了胀破缺陷,这是由于胀初波阶段的气压过大或者胀形时间过长所致的。为避免胀破出现,应适当降低胀初波阶段的气压和胀形时间。

b. 在方案 2 中,电流增加至 3 700 A 时,温度达到稳定值 750℃,切除多余部分的成形件如图 4-53(b)所示。由图可知，成形件贴模良好，达到了尺寸要求。但是成形件氧化严重，有明显的氧化皮脱落，这将导致波纹管壁厚减薄。氧化严重是由电流过大、成形温度过高或成形时间较长造成的。同时，电流过大将导致导线和电极的损耗过大。为避免以上弊端，调节成形温度至 700℃，减少终成形阶段的保压时间，同时增大该阶段气压以防止贴模不完全缺陷的产生。

　　c. 在方案 3 中，电流增加至 3 500 A 时，温度达到稳定值 700℃，切除多余部分的成形件如图 4-53(c)所示。由图可知，成形件贴模良好，达到了尺寸要求，并且表面氧化大大减少。

　　d. 为了进一步降低高温对坯料、电极和导线的热损耗，尝试在更低温度下进行成形。在方案 4 中，电流增加至 3 400 A 时，温度达到稳定值 650℃，成形件如图 4-53(d)所示。由图可知，成形件存在失稳起皱缺陷。失稳起皱的原因主

(a) 方案1　　　　　　　　　　　　　　(b) 方案2

(c) 方案3　　　　　　　　　　　　　　(d) 方案4

图 4-53　不同工艺参数下的成形结果

要是：初始波纹高度较小，导致合模阶段中间模具发生了滑移；成形温度较低，钛合金的变形抗力相对较大；合模阶段压头下行速度过快。

根据以上分析可知，方案 3 的成形结果最佳。Ti31 钛合金波纹管的最佳成形参数为：在 3 500 A 的电流作用下，筒坯达到稳定温度 700℃；调节气压至 0.3 MPa，胀形 15 s，在筒坯上胀起 3 mm 左右的初始波纹；然后开动压力机，在 10 s 时间内合并模具，同时增大气压至 0.5 MPa；最后在 0.8 MPa 的气压下胀形 3 min，使坯料完全贴模。利用电流辅助热成形工艺制造 Ti31 钛合金波纹管的效率很高，加热速度快，整个成形过程可控制在 6 min 内。

在钛合金波纹管成形过程中出现了严重氧化、胀破、失稳起皱等缺陷，分析其产生原因，总结得出：影响波纹管成形结果的主要因素有温度（电流强度）、初始波纹高度和合模速度。

（2）Ti31 钛合金波纹管质量分析。

对完全贴模的 Ti31 钛合金波纹管进行酸洗，去除其表面的氧化皮，酸洗后的 Ti31 钛合金波纹管如图 4-54 所示。由图 4-54 可知，成形的波纹管表面质量良好，无明显的凹坑、划伤等缺陷。对 Ti31 钛合金波纹管进行进一步的质量分析，观测其壁厚分布情况和显微组织变化。

图 4-54　酸洗后的 Ti31 钛合金波纹管

壁厚分布情况是评价成形件质量优劣的一个重要标准。波纹管的壁厚分布越均匀，其工作性能越优异。将完全贴模的波纹管用线切割机床沿中间部位割开，以观察其壁厚分布情况。选择波纹管轴向的 7 个位置，并应用游标卡尺测量各个位置的壁厚,为提高测量精度,每个位置的壁厚测量 3 次然后取平均值。Ti31 钛合金波纹管的壁厚分布如图 4 - 55 所示。由图 4 - 55 可知,壁厚测量结果与模拟结果基本一致,波纹管的波峰处壁厚减薄最为严重,最大减薄率为18%,波谷处的减薄量次之,端部的减薄量最小,壁厚减薄是材料变形和高温氧化共同作用的结果。试验中合理的轴向补料使波纹管壁厚分布变得更加均匀。

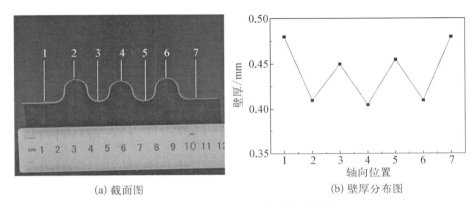

(a) 截面图　　　　　　　　　(b) 壁厚分布图

图 4 - 55　Ti31 钛合金波纹管的壁厚分布

为了分析 Ti31 钛合金波纹管成形后的组织变化,分别观察波纹管的波峰、波谷、端部的组织,并与筒坯的原始组织进行对比。波纹管不同位置的显微组织如图 4 - 56 所示。由图 4 - 56 可知,Ti31 钛合金为 $\alpha + \beta$ 型钛合金,波谷、波峰和端部析出的 α 相相对增多,其中波谷处析出的 α 相最多且最为粗大,这是由于筒坯温度分布不均匀造成的。在波纹管成形过程中,筒坯中间部位的温度最高,而波谷处的散热条件更差,其温度比波峰处的温度更高。

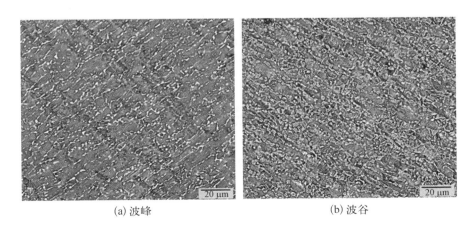

(a) 波峰　　　　　　　　　　(b) 波谷

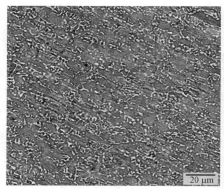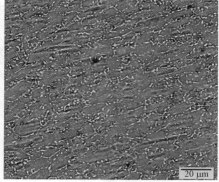

(c)端部	(d)原始组织

图 4-56　Ti31 钛合金波纹管不同位置的显微组织

5）TC4 钛合金波纹管实验结果

（1）不同工艺参数下的成形结果。

根据 Ti31 钛合金波纹管的实验结果，进行 TC4 钛合金波纹管的成形实验，成形参数如表 4-10 所示。

表 4-10　TC4 钛合金波纹管成形参数

方案	温度/℃	胀初波阶段		合模阶段		终成形阶段	
		气压/MPa	时间/s	气压/MPa	时间/s	气压/MPa	时间/s
方案 1	700	0.3	15	0.5	10	0.8	180
方案 2	700	0.5	15	0.7	10	1.0	180

图 4-57　方案 1 成形件

在不同工艺参数下的实验结果如下：

a. 在方案 1 中，成形温度为 700℃，成形件如图 4-57 所示。由图 4-57 可知，在成形过程中出现了失稳起皱的缺陷，这主要是由于成形时初始波纹高度过小，中间模具发生了相对于筒坯的滑移造成的。TC4 钛合金的强度要高于 Ti31 钛合金，因此在相同的气压和时间下，TC4 钛合金筒坯产生的初始波纹高度要小于 Ti31 钛合金。为了避免失稳起皱缺陷的发生，应适当增大胀初波阶段的气压。

b. 在方案 2 中,成形温度为 700℃,成形件如图 4-58 所示。由图 4-58 可知,成形件质量良好,无明显缺陷。相对于 Ti31 钛合金波纹管,TC4 钛合金波纹管的高温氧化程度要小很多,这表明 TC4 钛合金的耐高温性能要优于 Ti31 钛合金。

根据实验结果可知,TC4 钛合金波纹管的最佳成形参数为:在 3 500 A 的电流作用下,筒坯达到稳定温度 700℃;调节气压至 0.5 MPa,胀形 15 s,在筒坯上胀起 3 mm 左右的初始波纹;然后开动压力机,在 10 s 时间内合并模具,同时增大气压至 0.7 MPa;最后在 1.0 MPa 的气压下胀形 3 min,使坯料完全贴模。

(2) TC4 钛合金波纹管质量分析。

经酸洗处理后的 TC4 钛合金波纹管如图 4-59 所示。由图 4-59 可知,成形的波纹管表面质量良好,无明显的凹坑、划伤等缺陷。

图 4-58　方案 2 成形件

图 4-59　TC4 钛合金波纹管

对 TC4 钛合金波纹管的壁厚分布情况进行分析,选取的测量位置与 Ti31 钛合金波纹管的相同,壁厚分布情况如图 4-60 所示。由图 4-60 可知,TC4 钛合金波纹管在波峰处的壁厚减薄最为严重,其次是波谷、端部,波峰处的最大减薄量为 16%,其壁厚分布相比于 Ti31 钛合金波纹管而言更加均匀,这很大程度上是因为 TC4 钛合金在高温变形时氧化程度较轻。

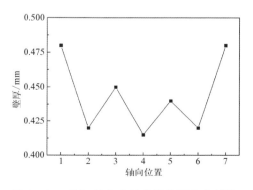

图 4-60　TC4 钛合金波纹管壁厚分布情况

4.2.3　DP1180 钢电致塑性辊压成形

4.2.3.1　引言

辊压成形工艺指依靠材料的塑性移动特性,采用滚动挤压的原理成形各种复杂制件的工艺。生产效率高、节约材料,而且产品强度高、质量稳定,这种工艺特别适于加工长短难于切削的工件,尤其对年产上百万件大批量的产品,采用辊压成形工艺最为有利,经济效益也最为可观。但由于高强钢的强度高、延伸低,因此经辊压成形后,成形件将产生较大的回弹,同时在辊压弯曲部位易产生裂纹。工业上一般采用的高强杠辊压成形方法是热辊成形,但传统热辊成形加热速度慢、成形效率低、耗能高,不适应工业生产的要求。本书采用脉冲电源辅助高强钢辊压成形,从而研究脉冲电流对高强钢钢辊压成形的影响。当电流通过板料时,由于焦耳热效应,将产生大量的热量,其中大部分热量用于提升板料自身的温度。当电流密度足够大时,能够在短时间内将板料加热到一个较高的温度,减少了材料与空气接触的时间,降低了材料的氧化率,同时也提高了生产效率。

4.2.3.2　DP1180 钢电辅助辊压工艺设计

电辅助辊压试验所用材料为 DP1180 钢,具有低的屈强比和较高的加工硬化性能,是结构类零件首选材料。DP1180 钢板厚度为 1.2 mm,其化学元素成分如表 4-11 所示。

表 4-11　DP1180 钢的化学元素成分

元素成分	C	Si	Mn	Cr	Nb	P	S	Fe
质量分数/%	0.19	0.75	1.95	0.02	0.044	0.005	0.003	余量

将脉冲电源正、负极分别与距离辊压机进料口 1 m 处、辊压机出料口处的板料相连接。设置实验脉冲电流参数(实验电流值、占空比、脉冲频率),点击脉冲电源控制器的开启按钮,向板料中通入脉冲电流,持续时间为 2 min。当板料表面温度稳定后,启动辊压机,材料进入辊压机内,经过 6 道辊压工序,形成所设计的辊压特征件,整个过程历时 4 min。其尺寸示意图如图 4-61 所示。图 4-62 为电辅助辊

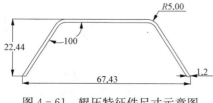

图 4-61　辊压特征件尺寸示意图
（单位：mm）

压示意图。在电辅助辊压工艺中所使用的辊压模具和辊压实验如图 4-63 和图 4-64 所示。

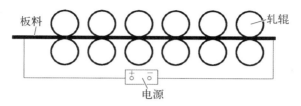

图 4-62　电辅助辊压示意图

图 4-63　电辅助辊压模具　　　　　　　图 4-64　电辅助辊压实验

4.2.3.3　DP1180 钢电辅助辊压实验结果

本书通过改变通过板料的电流的电流密度(试验电流密度分别为：$0 A/mm^2$、$5 A/mm^2$、$6 A/mm^2$、$7 A/mm^2$、$8 A/mm^2$)，来研究电流对高强钢辊压成形的影响。并用热电耦测量辊压件表面温度,采用 SEM、XRD 检测辊压成形后特征件弯曲区域的微观组织和残余应力。图 4-65 是电辅助辊压实验后的试样。表 4-12 是在不同电流密度下各辊压成形特征件的回弹角。由表 4-12 可知,当电流密度为 $0 \sim 6 A/mm^2$ 时,随着电流密度的增大,高强钢辊压特征件的回弹角减小,并且当电流密度高于 $7 A/mm^2$ 时,辊压特征件的回弹角为负。随着电流密度的增加,辊压回弹角的绝对值增大。在辊压试样中心附近截取试样左侧(沿辊压进料方向)弯曲部位,制备 SEM 试样。

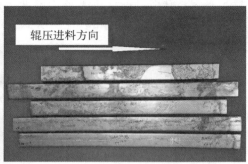

图 4 - 65 电辅助辊压实验后的试样

表 4 - 12 在不同电流密度下各辊压成形特征件的回弹角

电流密度 /(A/mm²)	温度/℃	测点位置	回 弹 角	
			左	右
0	室温	前	4°39′	5°58′
		中	4°29′	5°48′
		后	4°40′	5°59′
5	320	前	3°17′	4°54′
		中	3°	4°41′
		后	3°3′	4°43′
6	424	前	27′	3°45′
		中	13′	3°28′
		后	1°	3°44′
7	557	前	-2°	4′
		中	-2°36′	-17′
		后	-2°2′	1′
8	650	前	-3°49′	-2°11′
		中	-4°13′	-2°47′
		后	-4°2′	-2°20′

不同电流密度下 DP1180 钢辊压件弯曲区域微观组织如图 4 - 66 所示。当电流密度低于 5 A/mm² 时,材料组织未发生明显变化,此时材料经历了一

(a) 原始组织　　　　　　　　　　　　(b) 未通电

(c) 5 A/mm²　　　　　　　　　　　　(d) 6 A/mm²

(e) 7 A/mm²　　　　　　　　　　　　(f) 8 A/mm²

图 4 - 66　不同电流密度下 DP1180 钢辊压件弯曲区域微观组织

个低温回复,因此回弹降低。当电流密度为 $7 \sim 8$ A/mm² 时,材料塑性增强,有利于降低材料回弹。当电流密度为 6 A/mm² 时,材料组织未发生较大变化,回弹降低较大,这可能是由于此时材料处于再结晶形核阶段,因而其塑性增强。

表 4-13 是电流密度为 0 A/mm²、6 A/mm² 时,在辊压试样中心附近截取试样左侧(沿辊压进料方向)弯曲部位的残余应力测量值,残余应力方向垂直于厚度方向,测点位于板厚的弯曲部位。由表 4-13 可知,电流降低了辊压特征件的残余应力。

表 4-13　不同电流密度下 DP1180 钢辊压特征件弯曲部位垂直厚向残余应力

电流密度/(A/mm²)	0	6
残余应力/MPa	305	243

从脉冲电流密度为 6 A/mm² 的辊压件中截取拉伸试样,测试脉冲电流辅助辊压过程中对 DP1180 钢的力学性能影响,测试结果如表 4-14 所示,其力学性能和测试拉伸试样分别如图 4-67 和图 4-68 所示。可以看出当电流密度为 6 A/mm² 时的 DP1180 钢辊压件的力学性能与无通电相比,抗拉强度和延伸率没有发生明显的改变,辊压件的抗拉强度高于 1 200 MPa。实验结果验证了电辅助辊压在不降低辊压件强度的前提下,可以降低辊压件的回弹角,提高辊压成形精度。

表 4-14　辊压件的力学性能测试结果

电流密度/(A/mm²)	试样编号	试样厚度/mm	试样宽度/mm	延伸率/%	平均延伸率/%	抗拉强度/MPa	平均抗拉强度/MPa
0	#1	1.17	7.81	23.2		1 236	
	#2	1.17	7.68	22.4	22.9	1 234	1 233
	#3	1.18	7.81	23.1		1 229	
6	#1	1.18	7.7	23		1 217	
	#2	1.18	7.82	22.3	22.6	1 215	1 212
	#3	1.19	7.7	22.7		1 205	

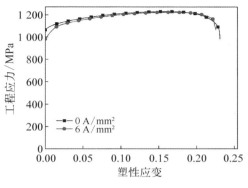

图 4-67　辊压件的力学性能

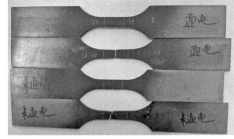

图 4-68　辊压件力学性能的测试拉伸试样

4.2.3.4　电辅助辊压成形工艺经济性评价

采用脉冲电流辅助高强钢辊压成形,依据实验可知,随着电流密度的增加,高强钢辊压件的回弹降低,这为高强钢的辊压成形提供了一种新的方式。但在实际生产过程中,不仅要考虑电流对材料的性能的影响,还应当考虑电辅助成形技术的经济性。电辅助成形相较于传统的冷成形技术,不同之处在于引入了脉冲电流,因此电辅助成形技术的应用必须要考虑电流所带来的成本。表 4-15 是不同电流密度下辊压成形所耗电量。在不同的电流密度下,脉冲电源输出的电流和电压值都发生变化,随着电流密度的增大,电流和电压值都随之增加。根据从脉冲电源开启到辊压件从出口所用时间 4 min 来计算,所有的电量不超过 1 kW·h。根据计算所得电量,可知电辅助成形所耗能量较小,在明显改善辊压件的回弹效果条件下,所耗的电费给辊压件增加的成本并不高。另外,由于所有电压较小,不高于 12 V,因此无须在辊压设备中做绝缘处理,脉冲电流可直接施加在超高强度钢坯料上,没有特殊的工装。考虑到对辊压件回弹抑制和残余应力减小的作用,耗电量较小,没有特殊的工装需求,因此电辅助辊压成形技术具有较好的经济性。

表 4-15　不同电流密度下辊压成形所耗电量

电流密度/(A/mm²)	电流/A	电压/V	成形时间/min	电量/kW·h
5	582	6	4	0.23
6	698	8	4	0.37
7	815	9.2	4	0.5
8	931	12	4	0.74

4.2.4　MS900 钢电辅助拉深

拉深也称"拉延",是利用具有一定圆角半径的凸、凹模,在冲压机的作用下,经板料加工成开口空心零件的冲压工艺。

冲压工艺应用的范围很广,是制造业生产中最重要的成形手段。它可以成形其他加工手段不能成形的形状复杂的零件,并且成形后的零件质量稳定、尺寸精度较高。相对其他加工工艺,其材料利用率和生产效率都很高。冲压工艺在工业制造以及生活用品生产中都占据着相当重要的地位。但冲压加工先进高强钢会产生起皱缺陷,这影响产品的外观,对于在表面光洁度方面有很高要求的产品,甚至可能导致整个产品的报废;同时,如果产品需要再加工,起皱会导致后续工序无法进行,给生产带来巨大的损失。在冲压成形过程中的起皱主要是由于局部压应力过大,材料在局部区域失稳所致的。由前述研究可知电流能够降低抗拉强度以及屈服强度,基于这一结果,本书采用电流辅助高强钢的拉延成形,探索电流对高强钢拉延成形的影响。

4.2.4.1　MS900 钢电辅助拉深实验

本实验所用材料为宝钢生产的 MS900 钢,板料尺寸为 500 mm×275 mm×1 mm。利用电流直接加热超强钢坯料,结合冷模快速成形马氏体环段件。为了保证成形设备和操作人员的绝对安全,采用电木对模具进行了绝缘处理,图 4-69 是电辅助拉深成形模具示意图,图 4-70 为模具在闭合状态下的二维图纸。

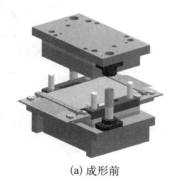

(a) 成形前　　　　　　　　　　　　　　(b) 成形后

图 4-69　电辅助拉深成形模具示意图

加工的环段件电辅助拉深成形模具如图 4-71 所示。

利用的电源是 20 000 A/12 V 的低压大电流脉冲电源,如图 4-3 所示。为

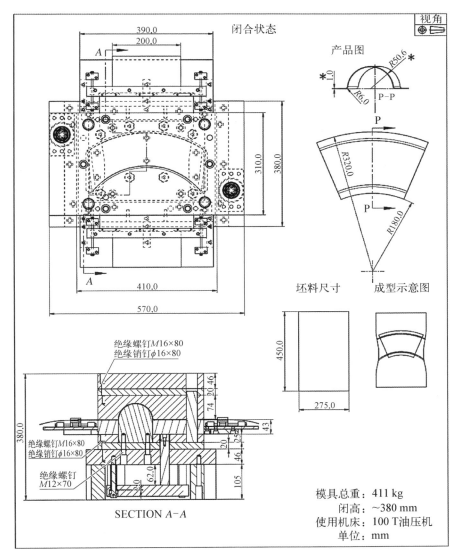

图 4 - 70 模具在闭合状态下的二维图

了电源的电极与马氏体钢坯料可靠接触,保证电流顺利通过板料,将马氏体钢板与铜电极用螺栓螺母连接,如图 4 - 72 所示。将脉冲电源正、负极通过铜板与钢板相连接。通入脉冲电流,加热试样 2 min,此时试样表面温度达到所对应电流的最高温度。开启压机,凹模下行成形零件,凸、凹模完全合模后,保持压 3 min,同时电路保持闭合。

图 4 - 71　环段件电辅助拉深成形模具　　　图 4 - 72　马氏体钢板与铜电极的连接

4.2.4.2　实验结果

本书研究了电流对 MS900 钢拉深成形的影响。向板料中通入电流密度分别为 6. 18 A/mm²、7. 26 A/mm²、10. 9 A/mm² 的脉冲电流。在不同电流密度下 MS900 钢最大稳定温度如表 4 - 16 所示。

表 4 - 16　在不同电流密度下 MS900 钢最大稳定温度

电流密度/(A/mm²)	0	6. 18	7. 26	10. 9
温度/℃	室温	220	300	600

图 4 - 73(a)～(d)是在不同电流密度下 MS900 钢的拉深成形件。由图 4 - 73 可知,当 MS900 钢板成形环段件时,表面会产生较为明显的起皱,发现电流能够有效抑制 MS900 钢板拉深成形时的起皱缺陷,并且随着电流密度增加,MS900 钢起皱越不明显。当电流密度达到 10. 9 A/mm² 时,MS900 钢环段件表面无起皱。

表 4 - 17 为拉深件力学性能测试结果。

图 4 - 74 是电流密度为 0 A/mm²、10. 9 A/mm² 的电流辅助拉深后的 MS900 钢的应力-应变曲线,由图可知,经过电流处理后,材料的抗拉强度略有降低,材料延伸率降幅较大。

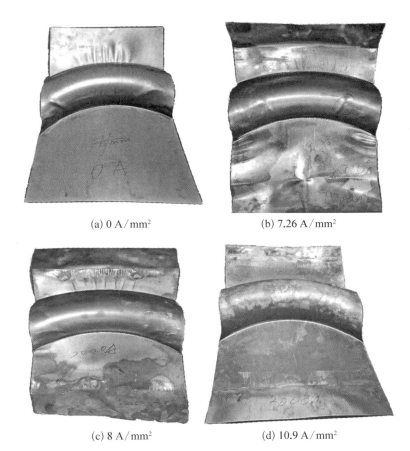

(a) 0 A/mm²　　　　　　　　　　(b) 7.26 A/mm²

(c) 8 A/mm²　　　　　　　　　　(d) 10.9 A/mm²

图 4-73　在不同电流密度下 MS900 钢的拉深成形件

表 4-17　拉深件力学性能测试结果

电流密度/(A/mm²)	抗拉强度/MPa	延伸率/%
0	954	32.5
10.9	940	23.3

4.3　本章小结

本章归纳了电致塑性成形工艺的发展现状和在工业生产中的应用案例,具体结论如下:

(1)电致塑性成形工艺在轨道交通上的应用:S355J2W 耐候钢广泛应用于

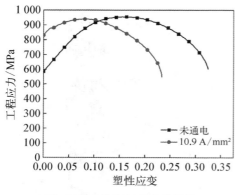

图 4-74　拉深件的力学性能

高铁等轨道交通的转向架盖板的制造中,通过对 S355J2W 钢盖板自阻加热成形中的温度场和变形情况进行了有限元模拟;同时,设计了自阻加热成形装备及工艺流程,依据盖板自阻加热时的温度场模拟结果,在自阻加热成形装备设计时将夹持系统的位置对应于模拟中板材的 AB 处。同时针对实际盖板成形进行了模具设计以及成形系统和其他辅助系统,并保证了各系统之间可灵活协调、无干涉装配,实现了自阻加热与冲压成形一体化的半自动化功能。根据盖板自阻加热弯曲成形装备的工作特点及工艺条件,设计了 S355J2W 钢转向架盖板自阻加热弯曲成形工艺流程,为该工艺在实际盖板制造中的应用奠定基础。

（2）电致塑性成形工艺在 DP1180 高强钢辊压成形上的应用:通过 SEM、XRD 等手段分析了电流对 DP1180 高强钢辊压件的微观组织及残余应力的影响,并分析了电辅助辊压工艺的经济性。结果表明随着电流密度的增加,DP1180 高强钢辊压件的回弹角减小,当电流密度为 8 A/mm^2 时,辊压件两侧回弹均为负回弹;脉冲电流降低了 DP1180 高强钢辊压件的残余应力,由无通电辊压件的 305 MPa 减小到 243 MPa;电辅助技术能够降低辊压件回弹、残余应力,同时其耗电量小,无特殊工装要求,因此电辅助辊压成形技术具有良好的经济性。

（3）电致塑性成形工艺在 MS900 高强钢拉深成形的应用:研究了不同电流密度条件下脉冲电流对 MS900 高强钢拉深成形的影响。结果表明电流能够有效抑制 MS900 高强钢板在成形环段件时产生的起皱缺陷,这种抑制效果随着电流密度的增加而明显。当电流密度为 10.9 A/mm^2 时,环段件表面起皱完全消失。表明脉冲电流显著提升了 MS900 钢的成形性能,能有效抑制拉深成形过程中的起皱缺陷。

参考文献

［1］　MORI K，MAENO T，FUZISAKA S. Punching of ultra‐high strength steel sheets using local resistance heating of shearing zone[J]. Journal of Materials Processing Technology, 2012, 212: 534 - 540.

[2] MORI K, SAITO S, MAKI S. Warm and hot punching of ultra - high tensile strength steel sheets[J]. CIRP Annals-Manufacturing Technology, 2008, 57: 321 - 324.

[3] MORI K, MAENO T, FUKUI Y. Spline forming of ultra-high strength gear drum using resistance heating of side wall of cup [J]. CIRP Annals-Manufacturing Technology, 2011, 60(1): 299 - 302.

[4] YANAGIMOTO J, IZUMI R. Continuous electric resistance heating-hot forming system for high-alloy metals with poor workability[J]. Journal of Materials Processing Technology, 2009, 209: 3060 - 3068.

[5] LIAO H, TANG G, JIANG Y, et al. Effect of thermo-electropulsing rolling on mechanical properties and microstructure of AZ31 magnesium alloy[J]. Materials Science & Engineering A, 2011, 529(1): 138 - 142.

[6] SALANDRO W A, KHALIFA A, ROTH J. Tensile formability enhancement of magnesium AZ31B - O alloy using electrical pulsing [J]. Transactions of the North American Manufacturing Research Institution of SME, 2009, 37: 387 - 394.

[7] MAENO T, MORI K, ADACHI K. Gas forming of ultra - high strength steel hollow part using air filled into sealed tube and resistance heating[J]. Journal of Materials Processing Technology. 2014, 214(1): 97 - 105.

[8] MAENO T, MORI K I, UNOU C. Improvement of die filling by prevention of temperature drop in gas forming of aluminium alloy tube using air filled into sealed tube and resistance heating [J]. Procedia Engineering, 2014: 2237 - 2242.

[9] MAKI S, HARADE Y, MORI K, et al. Application of resistance heating technique to mushy state forming of aluminium alloy [J]. Journal of Materials Processing Technology, 2002, 125 - 126: 477 - 482.

[10] 王博,张凯锋,赖小明,等. SiC$_p$/2024Al 板材脉冲电流辅助热拉深成形. 锻压技术, 2012,37(5): 22 - 26.

[11] 李超. 轻合金板材脉冲电流辅助超塑成形工艺及机理研究[D]. 哈尔滨:哈尔滨工业大学,2012: 40 - 45.

[12] 张晓刚. 近年来低合金高强度钢的进展[J]. 钢铁,2011,46(11): 1 - 9.

[13] 杨德惠,宋全超. S355J2W 耐候钢不同退火工艺下的组织性能研究[J]. 热加工工艺, 2013,42(12): 235 - 235.

[14] 鲁二敬,卢峰华,许鸿吉,等. S355J2W 耐候钢的耐腐蚀性能[J]. 机械工程材料,2012, 36(12): 77 - 79.

[15] 曹楚南. 中国材料的自然环境腐蚀[M]. 化学工业出版社工业装备与信息工程出版中心,2005.

[16] 樊大钧. 波纹管设计学[M]. 北京:北京理工大学出版社,1988: 8 - 12.

[17] 王刚,陈军,张凯锋,等. 钛及钛合金波纹管的成形方法和应用[J]. 机械设计,2005,22 (10): 51 - 53.

[18] 王刚,张凯锋,吴德忠,等. 钛合金波纹管超塑成形工艺研究[J]. 锻压技术,2003,28 (4): 28 - 31.

第5章 研究展望

5.1 板料电致塑性成形技术研究现状与存在的问题

材料在脉冲电流作用下变形抗力显著降低、塑性明显提高的现象,称为"电塑性/电致塑性效应"[1]。关于焦耳热效应和纯塑性效应究竟谁占主导的争论一直未停止,始终缺乏一个明确的共识,有学者认为电流的影响仅源于焦耳热的作用。近年来,国内外的研究主要聚焦于电塑性效应的机理、电塑性效应对材料微观组织的影响规律以及电塑性效应的工程应用等。将脉冲电流和塑性加工相结合,可分为电辅助轧制、电辅助弯曲和电辅助拉拔等。国际上俄罗斯巴以科夫冶金研究院较早研究了脉冲电流辅助轧制技术,探索了难加工、难变形金属如钨、钼甚至铼及其合金的脉冲电流辅助轧制工艺。国内,清华大学在脉冲电源设备的研制和不锈钢、有色合金以及镁合金等的电塑性拔丝等方面取得了新的进展[2]。另外,哈尔滨工业大学、中国航天科技集团公司第五研究院第五二九厂(北京卫星制造厂)和上海交通大学等将脉冲电流辅助成形技术应用于难变形材料的大型构件制造中,已取得了显著效果。脉冲电流辅助成形技术已成为各国研究人员研究的热点方向,近几年发表的相关学术论文快速增多,不断向工业化应用积极推广。未来面临的关键难点与挑战主要包括以下三个方面:

(1)脉冲电流辅助效应的量化与微观机理。目前,脉冲电流辅助提高新型材料的塑性变形性能和优化微观组织,还停留在定性描述或者间接推导层次。脉冲电流对材料的作用一般包含多种效应或者机理,包括如何定量地描述脉冲电流的多种效应或者机理并解耦分析、如何判断哪种效应或者机理占主导地位、如何实时观察脉冲电流对材料微观组织的影响规律等问题。这些问题是揭示脉冲电流作用效应和机理的科学基础,也是合理应用脉冲电流辅助制造技术的科学基础。目前,传统温度场对微观组织作用过程的原位观察已能实现,但是,对脉冲电流微观作用机制的原位观察尚缺乏特定的微观分析设备,亟待开发。

（2）脉冲电流作用下的力学模型。力学模型是塑性成形有限元模拟的理论基础，现有的力学模型主要针对常规的塑性成形过程或者考虑了传统温度场的影响。如何把脉冲电流作用效果和关键参数嵌入到现有的力学模型中，正确描述在脉冲电流作用下的材料变形与失效行为，是开展脉冲电流辅助制造过程有限元模拟的理论基础，也是合理优化工艺参数的关键。

（3）脉冲电流制造的参数优化控制原理。脉冲电流的分布影响着宏观常规的应力场、温度场、组织场、应变场的作用效果，通过成形工艺参数和脉冲电流的控制参数优化，以最佳效果作用于成形件的组织性能和几何形状。揭示特种能场与传统机械场以及不同能场的有效耦合机理，实现 $1+1>2$ 的效果，是脉冲电流辅助制造发挥最大效益的关键基础理论。

5.2 板料电致塑性成形技术研究方向及工业应用前景

5.2.1 板料电致塑性成形技术研究方向

板料电致塑性成形技术研究方向如下：

（1）对不同材料的电致塑性特性进行针对性的研究。通过对镁、钛、高强钢等材料的电辅助成形特性研究发现，对不同材料施加脉冲电流所产生的效应不同，脉冲电流对同种材料中不同的牌号所产生的效应也不同。由于其添加元素和杂质元素对金属中晶粒大小、原子间隙、空位金相结构等产生影响，会导致位错组态、位错密度等的变化，因此未来对不同材料的影响可以通过对纯金属材料进行研究，归纳总结同一材料电致塑性特性的最优电塑性参数，为工业应用的推广提供参考。

（2）将电致塑性技术与其他成形技术融合。目前电致塑性成形技术在拉深、弯曲、拉拔、轧制、气胀、渐进成形等方面的研究结果表明，施加脉冲电流明显改善了材料的成形质量。在此研究基础上，可以考虑进一步创新出其他与电致塑性技术复合的成形技术。

（3）电塑性效应机制的完善。目前对电塑性效应机制的研究仍然没有定量化的标准，在解耦焦耳热效应和纯电塑性效应方面也受限于无法完全排除焦耳热或者纯电塑性的影响，大多数的结论是通过实验获得。对电塑性机制的研究应采用更加符合焦耳热和纯电塑性理论的方法实现定量分析和计算，另外可以合理建模，借助数值模拟技术研究电塑性效应机制。

（4）工业应用方面。电致塑性成形技术对通过变形材料横截面的电流密度有一定的要求，当电流密度达到阈值时，材料的成形性能才能有明显的提高，这就要求研发出与电致塑性成形装备相匹配的高密度脉冲电流设备。另外，应当形成较为完备的电塑性加工数据库为实际生产提供理论指导。

5.2.2　板料电致塑性成形工业应用前景

针对航空、航天、交通运输等领域对轻量化和安全性的持续需求，更多的高强材料（超高强度钢、轻合金、复合材料和金属间化合物等）应用于复杂构件。随着材料强度的提高，制造难度显著提高，成形缺陷则更难控制。而通过系统深入的研究证明脉冲电流辅助成形技术在提高此类材料的成形效率和质量方面具有显著优势。脉冲电流在解决难变形材料的制造瓶颈和优化成形件组织性能等方面都有显著的效果，而且在提高生产效率和降低制造成本也显示出巨大的优势。

电塑性加工需要材料变形时横截面上的电流密度达到一定的阈值，低则几十 A/mm^2，高则几千 A/mm^2。这不仅对电源的输出能力提出了很高的要求，同时还限制了电塑性成形技术的应用。然而，在很多塑性成形过程中，模具与材料的瞬间接触面积较小（如渐进成形、旋压成形等工艺），电流通过该接触面积时，电流密度的阈值容易得到满足。因此，将电塑性成形技术应用于该类成形工艺具有合理性。

如果工件的尺寸较小，那么电流密度的阈值也容易得到满足。因此，电塑性成形技术特别适合于微成形。在微成形过程中，零件尺寸很小，表面晶粒所占比例增大，表面的影响增强，塑性变形的不均匀性增大，导致材料的成形极限下降；同时，随着零件尺寸的减小，应变梯度对屈服应力的影响越来越显著，造成屈服应力的提高，变形抗力增大，对微成形带来不利影响。同时，微零件在成形过程中与模具之间的摩擦极大地影响了其表面质量，这种影响很难再用其他工艺修复。而电塑性具有细化晶粒、降低变形抗力、提高材料的成形极限、降低材料的屈服应力、提高材料的塑性等优点。因此，电塑性与微成形的结合具有广阔的应用前景。

根据先进制造技术的需求来分析，制造零件向极大和极小两个方向发展。例如，随着 C919 和 CR929 国产大飞机的研制，为了减重的需求，越来越多地采用铝锂合金和钛合金蒙皮，如图 5-1 所示。由于蒙皮尺寸大，可达数米，采用传统热成形工艺投资大、能耗高，不符合绿色制造发展的趋势，而冷成形此类构件所需设备吨位大，而且存在容易拉裂、表面容易出现橘皮、回弹量大等关键难题，无法达到设计要求。直径为 7.5 m 的铝锂合金过渡环是新一代重型运载火箭贮箱的关键结构件,采用型材拉弯的拼焊结构,其截面积超过现役火箭 4 倍,所需的拉弯机单臂拉力远大于我国拉弯设备的最大载荷。铝锂合金过渡环的分段拉弯长度接近 6 m,采用传统的热拉弯从成本和设备上都不易实现。因此,如何有效制造已成为此铝锂合金过渡环研制的瓶颈问题。而拟采用脉冲电流辅助拉形和拉弯工艺,利用脉冲电流的电致塑性效应,能大幅降低材料的流变应力,显著提高铝锂合金和钛合金等难变形材料的成形性能,非常有希望突破现有的技术瓶颈,满足我国关键领域的核心部件制造需求。

图 5-1　飞机大型蒙皮

脉冲电流辅助微成形技术得到了持续深入的研究,在工业领域也有成功的应用案例。双极板是燃料电池的核心部件之一,其精度要求非常高,在厚度仅为 1 mm 左右的 300 mm×400 mm 标准极板上,分布着密密麻麻的流道,精度达到微米级。相当于 100 m×70 m 大小的足球场,每个草坪有上千万根草,高度误差应该控制在 1 mm 以内。近年来,日本、欧洲企业研制出钛合金双极板,取代了传统的石墨双极板。如果中国企业无法制造这种部件,那么国内汽车企业就只能依赖进口。上海交通大学来新民教授团队针对此需求,基于工艺分析及实验结果提出了通电脉冲辅助成形的多场耦合仿真方法,开发了脉冲电流辅助微压印工艺[3]。利用脉冲电流的电致塑性效应,提高不锈钢薄板的成形性,将压印深度增大约 41%,并降低成形后的残余应力,大幅提高了产品的成形精度,并成功应用于燃料电池双极板的制造,如图 5-2 所示,建成了国内首条具有自主知识产权的燃料电池金属双极板生产线,年产能达到 50 万片以上,成为国内最大的金属双极板供应商之一。该项成果支持了我国第一辆金属极板燃料电池轿车与客车、首个上汽 P390 型 115 kW 车用全功率电堆,为上海汽车集团股份有限公司(简称"上汽集团")、中国第一汽车集团有限公司(简称"中国一汽")等国内燃料电池汽车企业奠定了自主可控的核心技术。来新民教授团队的"高功率密度燃料电池薄型金属双极板及批量化精密制造技术"项目也荣获 2019 年度上海市技术发明奖特等奖。

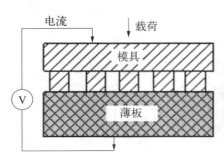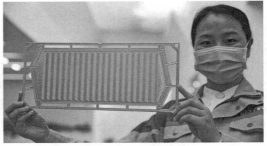

图 5-2　通电脉冲辅助微成形燃料电池双极板

　　综上所述,合理利用脉冲电流与材料相互作用的多种效应或机理,突破高强难成形材料的制造瓶颈,为我国航空、航天、交通运输等重点领域的关键核心部件制造提供新工艺,将极大地促进新型高强难成形材料和先进制造技术的发展与应用,扩大先进制造业占比,提高先进制造业效益,有力推动我国制造业在国际上由跟跑向领跑转变,加快建设制造强国。

参考文献

[1]　阎峰云,黄旺,杨群英,等. 电塑性加工技术的研究与应用进展[J]. 新技术新工艺, 2010,(6):59-62.

[2]　郑兴鹏,唐国翌,宋国林,等. 304 不锈钢带材电致塑性轧制[J]. 钢铁,2014,49(11): 92-96.

[3]　易培云,倪军,来新民. 无极板式质子交换膜燃料电池结构设计与制造工艺研究[J]. 机械工程学报,2014,50(1):168.

索　引